世界一わかりやすい
Illustrator & Photoshop & XD
Webデザインの教科書

CC対応　黒野明子、庄崎大祐、角田綾佳、森和恵　著

技術評論社

注意

ご購入・ご利用前に必ずお読みください

本書の内容について

●本書記載の情報は、2018年9月18日現在のものになりますので、ご利用時には変更されている場合もあります。また、ソフトウェアはバージョンアップされる場合があり、本書での説明とは機能内容や画面図などが異なってしまうこともあり得ます。本書ご購入の前に必ずソフトウェアのバージョン番号をご確認ください。

●IllustratorとPhotoshopについては、執筆時の最新バージョンであるCC 2018に基づいて解説しています。XDについては10.0に基づいています。

●本書に記載された内容は、情報の提供のみを目的としています。本書の運用については、必ずお客様自身の責任と判断によって行ってください。これらの情報の運用の結果について、技術評論社および著者はいかなる責任も負いかねます。また、本書の内容を超えた個別のトレーニングにあたるものについても、対応できかねます。あらかじめご承知おきください。

レッスンファイルについて

●本書で使用しているレッスンファイルの利用には、Adobe Creative Cloudの契約が必要です。またネットワーク環境はご自分でご用意ください。

●レッスンファイルの利用は、必ずお客様自身の責任と判断によって行ってください。これらのファイルを使用した結果生じたいかなる直接的・間接的損害も、技術評論社、著者、プログラムの開発者、ファイルの制作に関わったすべての個人と企業は、一切その責任を負いかねます。

以上の注意事項をご承諾いただいた上で、本書をご利用願います。これらの注意事項をお読みいただかずに、お問い合わせいただいても、技術評論社および著者は対処しかねます。あらかじめ、ご承知おきください。

本文中に記載されている製品の名称は、一般にすべて関係各社の商標または登録商標です。

PREFACE　　はじめに

はじめに

本書は、Adobe IllustratorとPhotoshopの基礎操作をご存じの方を対象に、Webデザイン業務で実際に使えるテクニックの初歩を学ぶための学習書です。

「Illustratorで基本的な図形の作成はできる」「Photoshopで写真の色を変えたり汚れを消したりする操作はできるけれど、Webデザインを実際にどう進めていくのかよくわからない」といったレベルのデザイナー志望者さん、仕事を始めたばかりのジュニアレベルのデザイナーさんのお役に立つよう、現役デザイナーとプロのインストラクター4人が集まり、現場で使われているテクニックを幅広く学べるように構成しました。

また、この書籍では、IllustratorとPhotoshopだけではなく、2017年に正式版が発表されたUIデザイン／プロトタイピングツールのAdobe XDの使い方も解説しています。

XDは非常に軽い操作感とシンプルに絞り込まれた描画ツール類が特徴的なアプリケーションで、IllustratorやPhotoshopで制作したアイコンや写真を取り込んでレイアウトしたり、画面間の遷移を表したプロトタイプをつくったりすることができます。

繊細なベクトルアートを制作できるIllustrator、ビットマップデータの編集とリッチなグラフィック制作ならお任せのPhotoshop、実際に動くプロトタイプを軽い操作で作成できるXD。それぞれの特長を活かせるようになると、デザイナーとしての幅が格段に広がります。

Webサイトの閲覧環境がますます多様化するなか、制作手法／デザインツールも百花繚乱の様相を呈しています。

「私はこの手法／ツールしか使えない」と固定してしまうことなく、案件に合わせて最適なものを選べるようになったとき、デザイナーとして成長している自分を実感できることでしょう。

その成長の一歩をお手伝いできる存在になれるよう、本書の中にはさまざまなパターンの作例をご用意しておきました。必要なところから拾い読みしてもよし、最初から通読して練習してもよし、ご自分のニーズに合わせてご活用いただければ幸いです。

著者を代表して
2018年9月
黒野明子

本書の使い方

•••• Lessonパート ••••

① 節
Lessonはいくつかの節に分かれています。機能紹介や解説をおこなうものと、操作手順を段階的にStepで区切っているものがあります。

② Step/見出し
Stepはその節の作業を細かく分けたもので、より小さな単位で学習が進められるようになっています。Stepによっては実習ファイルが用意されていますので、開いて学習を進めてください。機能解説の節は見出しだけでStep番号はありません。

③ 実習ファイル
その節またはStepで使用する実習ファイルの名前を記しています。該当のファイルを開いて、操作を行います（ファイルの利用方法については、P.6を参照してください）。

④ コラム
解説を補うための2種類のコラムがあります。

> **CHECK!**
> Lessonの操作手順の中で注意すべきポイントを紹介しています。

> **COLUMN**
> Lessonの内容に関連して、知っておきたいテクニックや知識を紹介しています。

How to use　本書の使い方

本書は、Illustrator・Photoshop・XDを使ってWebデザインをする人のための入門書です。
ダウンロードできるレッスンファイルを使えば、実際に手を動かしながら学習が進められます。
さらにレッスン末の練習問題で学習内容を確認し、実践力を身につけることができます。
なお、本書では基本的に画面をmacOSで紹介していますが、Windowsでもお使いいただけます。

●●●● 練習問題パート ●●●●

❶ Q（Question）
問題にはレッスンで学習したことの復習となる課題と、レッスンの補足としてプラスアルファの新たな知識を勉強するための設問もあります。

❸ 完成イメージ
実技問題では完成時点のイメージを確認できます。Lessonで学んだテクニックを復習しながら作成してみましょう。

❷ 実習ファイル
実技問題で使用するファイル名を記しています。該当のファイルを開いて、操作をおこないましょう。レッスンファイルを引きついで操作する場合や、知識確認の問題にはありません。

❹ A（Answer）
練習問題を解くための手順を記しています。問題を読んだだけでは手順がわからない場合は、この手順や完成見本ファイルを確認してから再度チャレンジしてみてください。

レッスンファイルのダウンロード

1. Webブラウザを起動し、下記の本書Webサイトにアクセスします。

http://gihyo.jp/book/2018/978-4-297-10032-2

2. 書籍サイトが表示されたら、写真右の［本書のサポートページ］のリンクをクリックしてください。

3. レッスンファイルのダウンロード用ページが表示されます。下記のIDとパスワードを入力して［ダウンロード］ボタンをクリックしてください。

ID— aipsxd　パスワード— webcc18

4. ブラウザによって確認ダイアログが表示されますので、［保存］をクリックします。ダウンロードが開始されます。

5. Macでは、ダウンロードされたファイルは、自動的に展開されて「ダウンロード」フォルダーに保存されます。Windows Edgeではダウンロード後［フォルダーを開く］ボタンで、保存したフォルダーが開きます。

6. Windowsでは保存されたZIPファイルを右クリックして［すべて展開］を実行すると、展開されて元のフォルダーになります。

ダウンロードの注意点

- インターネットの通信状況によってうまくダウンロードできないことがあります。その場合はしばらく時間を置いてからお試しください。
- Macで自動展開されない場合は、ダブルクリックで展開できます。

How to download　レッスンファイルのダウンロード

本書で使用しているレッスンファイルは、小社Webサイトの本書専用ページよりダウンロードできます。
ダウンロードの際は、記載のIDとパスワードを入力してください。
IDとパスワードは半角の小文字で正確に入力してください。

ダウンロードファイルの内容

ダウンロードしたZIPファイルを展開すると、Lessonごとのフォルダーになります。それぞれのLessonのフォルダーを開くと、中に使用するファイルが入っていますので、本文の指示ににしたがって利用してください。利用するファイルがないLessonのフォルダーはありません。

•••• Typekitの利用について ••••

本書のサンプルファイルでは、MacとWindowsどちらでもできるだけ多くのユーザーが使えるように、日本語フォントは「小塚ゴシック Pr6N」を主として、ほかにも欧文フォントをTypekitから採用しています。しかし、読者の作業環境によってフォントが不足している場合、サンプルファイルを開く際にアラートが表示されることがあります。そのようなときにはAdobe Creative Cloudの有償メンバーシップ*で月額料金の範囲内で利用できるフォントサービス「Typekit」を使い、オンラインからフォントを取得することができます。

IllustratorとPhotoshopの場合

❶サンプルファイルを開く際に図のようなアラートが表示されたら、[フォントを解決する]ボタンをクリックしてください。マシンがインターネットにつながっている必要がありますが、しばらく待つと、足りないフォントが同期されます。

❷ファイルを開いたあとにTypekitからフォントを追加したい場合には[文字]パネルのフォント名のドロップダウンメニューを開くと、図のようなTypekitのアイコンがありますので、クリックします。

❸自動的にブラウザが起動し、https://typekit.com/ に移動しますので、フォントを検索して追加することができます。Typekitのシステムからログアウトしている場合には、Adobe IDを利用してログインする必要があります。

XDの場合

サンプルファイルを開く際に図のようなアラートが表示されます。XDからTypekitを呼び出してフォントを追加することはできませんので（本書執筆時点）、ブラウザからhttps://typekit.com/にアクセスし、必要なフォントを追加しましょう。

＊Creative Cloud体験版や無料のAdobe IDを通じてTypekit無料プランを使っているユーザー、およびフォトプラン・Acrobatシングルアプリプランでは、「小塚ゴシック Pr6N」やその他のTypekitポートフォリオプランのフォントが利用できません。ご自分のマシンにインストールされているフォントに置き換えるか、Typekitポートフォリオプラン（有料）への移行をご検討ください。
https://helpx.adobe.com/jp/typekit/system-subscription-requirements.html

007

CONTENTS

はじめに …………………………………………………………… 003
本書の使い方 ……………………………………………………… 004
レッスンファイルのダウンロード ………………………………… 006

Lesson 01 Webデザインにおける各アプリの使い分け …… 011

- 1-1 Web制作のワークフロー ……………………………… 012
- 1-2 Photoshop向きのデザイン・作業 …………………… 014
- 1-3 Illustrator向きのデザイン・作業 ……………………… 016
- 1-4 Adobe XD向きのデザイン・作業 …………………… 017
- 1-5 Sketch向きのデザイン・作業 ………………………… 019
- 1-6 CCアプリ間の連携について …………………………… 021
- 1-7 モバイルアプリとの連携について ……………………… 023

Lesson 02 ワイヤーフレームからレイアウトへのスムーズな進行 …… 025

- 2-1 テキストデータの上手な取り回し ……………………… 026
- 2-2 レイアウトデータに効率よくテキストを取り込む …… 031
- 2-3 一歩進んだワイヤーフレームの作成を検討しよう …… 037
- Q 練習問題 ……………………………………………………… 040

Lesson 03 Illustratorでアイコンやロゴマークなどのパーツを制作しよう …… 041

- 3-1 再編集しやすさを意識してパーツを作成しよう ……… 042
- 3-2 新しい[ピクセルグリッドに整合]を使おう …………… 045
- 3-3 Webデザインで使える[効果] ………………………… 046
- 3-4 Webデザインで使える[アピアランス] ………………… 048
- 3-5 SVGの最適な書き出しと配信設定 …………………… 051
- 3-6 アイコンを制作してみよう ……………………………… 055
- Q 練習問題 ……………………………………………………… 058

Lesson 04 Photoshopで写真の編集をしよう …… 059

- 4-1 スマートオブジェクトを利用する ……………………… 060
- 4-2 調整レイヤーを指定する ………………………………… 063
- 4-3 外部ファイルやAdobe Stockを読み込む …………… 067
- 4-4 スマートフィルターで写真を補正する ………………… 072
- Q 練習問題 ……………………………………………………… 074

Lesson 05 Photoshopで写真・パーツ加工をしよう …… 075

- 5-1 レイヤー効果でボタンを作る …………………………… 076
- 5-2 ブラシを使った効果 ……………………………………… 080
- 5-3 加工としてのマスク ……………………………………… 085
- 5-4 テクスチャをプラスする ………………………………… 093
- Q 練習問題 ……………………………………………………… 098

Lesson 06
Creative Cloudライブラリへのパーツの登録と活用 ……… 099
- 6-1 Creative Cloudライブラリとは …………………… 100
- 6-2 CCライブラリにパーツを追加する ………………… 101
- 6-3 Capture CCを使ってパーツをつくる ……………… 104
- 6-4 CCライブラリのアセットを利用する ……………… 110
- 6-5 CCライブラリを共有する …………………………… 115
- Q 練習問題 …………………………………………… 118

Lesson 07
PhotoshopでのWebページ制作テクニック …… 119
- 7-1 ガイドレイアウトをつくろう ………………………… 120
- 7-2 アートボードの追加とサイズ変更 …………………… 121
- 7-3 繰り返し使うパーツを共通化しよう ………………… 123
- 7-4 スマートオブジェクトでパーツを共通化する ……… 125
- 7-5 リンクでパーツを共通化する ………………………… 127
- 7-6 CCライブラリで共有パーツを管理する …………… 129
- Q 練習問題 …………………………………………… 132

Lesson 08
XDを利用したレイアウトをしよう ……………… 133
- 8-1 ドキュメント・アートボード・グリッドを設定する … 134
- 8-2 基本的な図形とテキストを作成する ………………… 137
- 8-3 ［アセット］パネルの活用 …………………………… 140
- 8-4 写真データをXDに取り込む ………………………… 145
- 8-5 CCライブラリを利用したアセット共有 …………… 148
- 8-6 リピートグリッドで繰り返しを作成する …………… 152
- Q 練習問題 …………………………………………… 156

Lesson 09
XDを利用したプロトタイプ作成を学ぼう …… 157
- 9-1 プロトタイプとは …………………………………… 158
- 9-2 XDでプロトタイプを作成してプレビューする …… 160
- 9-3 XDで作成したプロトタイプを公開する …………… 166
- 9-4 XDモバイルアプリで実機確認する ………………… 171
- Q 練習問題 …………………………………………… 174

Lesson 10
各アプリで効率的にテキストをデザインする … 175
- 10-1 PhotoshopとIllustratorのテキストの違い ……… 176
- 10-2 Photoshopでのテキストデザイン ………………… 178
- 10-3 Illustratorでのテキストデザイン ………………… 184
- 10-4 テキストのスタイルを共有する …………………… 190
- 10-5 フォントを追加する・管理する …………………… 193
- Q 練習問題 …………………………………………… 198

Lesson 11 ▶▶▶ Photoshopから画像を書き出そう　199

- 11-1　クイック書き出しで画像を書き出す　200
- 11-2　[書き出し形式]で画像を書き出す　202
- 11-3　画像アセット生成で画像を書き出す　205
- 11-4　高精細ディスプレイ向け2倍サイズ画像の書き出し　208
- Q　練習問題　212

Lesson 12 ▶▶▶ Illustratorから画像を書き出そう　213

- 12-1　オブジェクトやグループをアセットに登録する　214
- 12-2　IllustratorでSVGを書き出す設定　216
- 12-3　書き出したSVGの最適化　218
- 12-4　IllustratorでPNGやJPGを書き出す設定　220
- 12-5　マスクしたオブジェクトの書き出し　222
- Q　練習問題　226

Lesson 13 ▶▶▶ XDからの画像書き出しとコーダーとのデータ共有　227

- 13-1　XDから画像を書き出そう　228
- 13-2　デザインスペックでコーディング情報を共有する　233
- Q　練習問題　238

Lesson 14 ▶▶▶ PSD・AIファイルからCSSやテキストを抜き出そう　239

- 14-1　DreamweaverでPSDからCSSやテキストを抜き出す　240
- 14-2　Creative CloudエクストラクトでPSDからCSSやテキストを抜き出す　244
- 14-3　AIからCSSやテキストを抜き出す　248
- Q　練習問題　252

Lesson 15 ▶▶▶ ほかのアプリとの連係について知ろう　253

- 15-1　Web制作でよく利用されるツールやサービス　254
- 15-2　SketchとAdobeアプリのデータの互換性　257
- 15-3　Photoshopで作成したカンプをZeplinで読み込む　260
- 15-4　XDで作成したカンプをZeplinで読み込む　264

各アプリの[CCライブラリ]パネルの対応状況　266
Adobe XDに関する最新情報のチェック／
　Creative Cloudデスクトップアプリケーションの表示　267
索引　268

Webデザインにおける
各アプリの使い分け

An easy-to-understand guide to web design

Lesson 01

Web制作のワークフローは近年大きく変化し、多様化しています。その中でどのようなツールを使用し、どのようなワークフローで制作すべきでしょうか？ このレッスンでは、新しいワークフローとさまざまなツールについて解説します。自分の仕事にどのツールが最適か考えてみましょう。

Lesson 01　Webデザインにおける各アプリの使い分け

1-1 Web制作のワークフロー

「Webデザイン用のアプリケーションはどれを使えばいい?」と聞かれたら、
ひとことで答えるのは難しいでしょう。
2010年以降、新しいデザインツールが多く出てきたのは
「Web制作のワークフローが変化したり、多様化してきたから」と考えられます。

従来のワークフローの問題点

従来のWeb制作のワークフローは、図のように一方通行で、手戻りは許されないことが多かったと思われます。「デザインカンプ」の段階では、静止画で作成したものをPCのディスプレイで確認していました。しかし、指で操作するスマートフォンやタブレットが普及したことにより「PCで静止画を見ただけでは実物のイメージがわからない」「スマートフォンで操作しやすいかわからない」「［≡］ボタンをタップしたときに何が起きるのかわからない」などさまざまな問題が出てきてしまいました。

また、このようなワークフローでは「制作の早い段階で関係者にデザインを共有し合意を得ておく」ことや「リリースしたあとにユーザーの反応を見ながら継続的に改善していく」ことも難しいといえます。

プロトタイプによるワークフローの普及

では、どうすればよいのでしょうか？　静止画ではなくスマートフォンやタブレットで「触れるプロトタイプ」があると便利です。それを制作の早い段階で関係者に共有できるとベターです。デザイン途中のものを人に見せたくない、という人も多いかもしれませんが、触れるプロトタイプをWeb制作の早い段階で関係者に共有できると、デザイン制作完成後の「私が思っていたものと違う」とか「なんとなく気に入らないのでもう1案つくってほしい」といったことが減り、その結果「デザインをいちからやり直し」ということがなくなるため時間をむだにすることが減ります。

Adobeは、Photoshop CC 2015でPreview CCというモバイルアプリと連携させて、Photoshopで制作したイメージをスマートフォンで確認できるようにしていました。しかし、Adobe XDにプロトタイプの共有機能が搭載されるとPreview CCの公開を終了してしまいました。Adobeとしては、触れるプロトタイプの共有にはXDを使用してほしいようです。2018年にはSketchもプロトタイピングに対応するなど、プロトタイプへの需要は増えています。

COLUMN

ワークフローは会社や案件によりさまざま

ここまでだと「XDやSketchがベストなの？」と思うかもしれませんが、筆者が日本のWeb制作者400名以上にアンケートをとったところ、もっともWebデザインに使用されているアプリケーションはPhotoshopでした（2018年5月時点）。ワークフローは会社や案件により異なるため、どのアプリケーションがベストなのかはワークフローによって異なります。ワークフローとアプリケーションが合っていないと、制作効率が落ちてしまったり、制作現場が混乱してしまうことがあります。

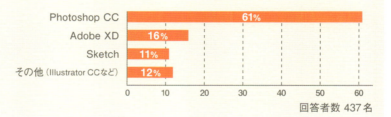

- Photoshop CC: 61%
- Adobe XD: 16%
- Sketch: 11%
- その他（Illustrator CCなど）: 12%

回答者数 437名

Lesson 01　Webデザインにおける各アプリの使い分け

1-2 Photoshop向きの デザイン・作業

なぜPhotoshopが長い間Webデザイン制作ツールとして高いシェアを誇っていたのか、なぜ最近はそうでなくなりつつあるかということについて考えてみましょう。

写真をはじめとした豊かな表現が必要なら

なぜPhotoshopがWebデザインで使用されていたのか

数年前までは「Webデザインカンプ制作といえばPhotoshop」という時代がありました。その理由は、多くのWebサイトはスキューモーフィズム（skeuomorphism）という考え方に基づいてデザインされていたことがあげられます。スキューモーフィズムとは、実際に存在する同じ機能を備えた物のデザイン（かたち・質感・陰影など）を模倣することです。この考え方では、立体的なボタンなどのUIパーツが多かったのです。それにはPhotoshopの豊富なグラフィック機能が必要でした。

しかし、最近ではスキューモーフィズムから脱却した表現が主流になり、平面的なフラットデザインやGoogleの提唱するマテリアルデザインという考え方でWebページがつくられることが多くなりました。また、AppleのRetinaディスプレイを始めとして高密度ディスプレイの端末が増えました。すると、画像もPNG形式やJPEG形式よりSVG形式のようなベクトルグラフィックのほうが扱いやすくなり、SketchやAdobe XDのようなベクトルグラフィックツールを使用する機会が増えてきています。そのためPhotoshopだけでWebデザインが完結することは減ってきています。

写真表現やスキューモーフィズムが必要な場面に

ではPhotoshopの出番がなくなったかというと、決してそうではありません。モダンなWebサイトの多くはトップページなどで大きく写真を取り扱う場合が多くあります。その写真をどうやって補正するかといえば、当然Photoshopを使用することになります。

ゲームや飲食業、旅館などのWebサイトはいまでも立体感のあるUIや、背景にテクスチャを敷いたデザインが多く使用されています。そういった用途ではこれからもPhotoshopが使われていくでしょう。そして、広告バナーやキャンペーンページのヘッダー画像のような派手な画像は、今後もPhotoshopで制作することが多いでしょう。

豊富なUIキットが魅力

スマートフォン向けのWebページをデザインしたりスマートフォン向けのアプリケーションをデザインするときに、「UIキット」と呼ばれるiOSやAndroidなどの標準のUIパーツがまとまったファイルがあると非常に便利です。Photoshopは長くUIデザインで使われてきたため、いまでもたくさんのUIキットが無償で配布されています。

このWebサイトでは、執筆時点で170種類以上のPSD形式のUIキットが配布されています。　https://freebiesbug.com/psd-freebies/ui-kits/

Retinaディスプレイへの対応には注意が必要

Photoshopでアートボードを制作するときに、従来のディスプレイ用のサイズで制作するか、それとも縦横2倍のサイズで制作するか悩みどころです。なぜならスマートフォンやタブレットのほとんどがRetinaディスプレイまたはそれ以上のピクセル密度のディスプレイになっているためです。Macのディスプレイは、現在発売されているMacBookなどはほぼすべてRetinaディスプレイになっており、WindowsもHiDPIと呼ばれる高密度ディスプレイを採用する機種が増えつつあります。それにともない、多くのWebサイトは解像度の高い画像やSVG画像などを使用し、Retinaディスプレイに対応することが一般的です。これはWebサイトだけでなく、広告バナーなども含まれます。

従来のサイズのアートボードで制作した場合

Photoshopではピクセル密度を従来のディスプレイに合わせて制作した場合も、縦横2倍の大きさで書き出すことは可能です。その際写真がぼやけてしまうという問題がありますが、十分に解像度の高い写真を貼りつけた直後にスマートオブジェクトにしておけば、縦横2倍で書き出しても綺麗に表示することができます。

しかし、この方法だと「写真の解像度が足りない場合に気づきにくい」という問題や、「複雑なレイヤースタイルを適用した箇所などを綺麗に書き出すことができない場合がある」という問題がまれに発生します。また、Retinaディスプレイで制作している場合、制作中に縦横半分のサイズで制作することになり、「文字や写真などが非常に汚く見えてしまう」という問題があります。

Retinaディスプレイ用のサイズで制作した場合

Photoshopの[新規ドキュメント]プリセットに入っているiPhoneやMacBook Pro Retinaは、アートボードの大きさが縦横2倍になっています。

アートボードを縦横2倍の大きさで制作した場合、制作中にRetinaディスプレイでも美しく見えることや、写真の解像度が不足した場合すぐに気づきやすいという利点があります。しかし、「フォントサイズや長方形の大きさなどを縦横2倍で制作しなければいけない」という問題もあり、慣れるまでは少しややこしいかもしれません。

筆者が数百名のWeb制作者を対象としてアンケートをとったところ「PhotoshopでWebデザインカンプやバナーを制作する場合、縦横2倍の大きさで制作する」人がやや多いという結果になりました。

Lesson 01　Webデザインにおける各アプリの使い分け

1-3 Illustrator向きのデザイン・作業

昔からデザインの仕事をしている人にはIllustratorとWebデザインが結びつかないかもしれませんが、最近は活躍の機会が増えています。ほかのアプリケーションが使用しづらい案件で使用できることもあるので、慣れておいて損はないでしょう。

アイコンやロゴの制作とSVG書き出し

Web制作でIllustratorを利用する場面といえば、ロゴやアイコンの制作です。
現在はRetinaディスプレイなどへの対応を考えて、制作したアイコンやロゴはPNGではなくSVGで書き出すことが一般的です。その際はIllustratorで制作し、SVG形式で書き出します。

Webデザインカンプの制作

現在のIllustratorはピクセルにスナップする機能も大きく進化しており、Webデザインカンプ制作にも問題なく使用することができます。今後、Webデザインカンプ制作はXDやSketchを使用することが多いかもしれませんが、それらのアプリケーションでは細かい部分のデザイン作業ができない場合があります。そんなとき同じベクトルグラフィックツールで、細かいデザイン作業までこなせるIllustratorが役に立つ場面はあるでしょう。

Photoshopでの
カンプ作成と比較した長所

PhotoshopでWebデザインカンプを制作すると、前節で解説したとおりRetinaディスプレイの対応を考えると縦横2倍の大きさでつくらなければいけない場合があります。すると、フォントサイズなどの計算がややこしくなってしまいますが、Illustratorでは実際のサイズで作成すればよいのでそういった面倒がありません。また、Photoshopでアートボードを使用した場合、動作が不安定になることがありますが、Illustratorではそのようなことはありません。

XDやSketchでは不安な案件に

フラットデザインやマテリアルデザインのようなシンプルなデザインでXDやSketchを利用したいと考えても、長期間保守しなければいけない案件の場合はなかなか利用が難しい場合があります。Illustratorはリリースされて数十年経っており、かなり安定しています。古いバージョンのファイルも開けますし、古いバージョン用にファイルを保存することも可能です。
一方、XDは本書執筆時点（2018年8月）では毎月アップデートされており、今後アプリケーションがどう変わっていくかわからないため、数年前に制作したデザインデータが問題なく開けるかわからないという問題があります。Sketchもメジャーアップデートされたときにファイル形式が変わる場合があり、数年後にデザインデータが開けるか少し不安かもしれません。

Illustratorが向いていないデザイン・作業

Photoshopが得意とするようなスキューモーフィズムのデザインや、飲食店や和風のデザインなど質感が重要なWebサイトを制作する場合には向いていません。また、大規模案件でアートボードが100枚を越えるような場合は動作が鈍くなる可能性が高まります。さらにプロトタイプによるページ遷移の確認が必要な場合は、XDやSketchを検討したほうがよいでしょう。

1-4 Adobe XD向きのデザイン・作業

AdobeからWebデザイン向けとしてCreative Cloudに追加された
Adobe XD（以下XD）が最近注目されているのはなぜか考えてみましょう。
「必要最低限の機能しかない」というのは、必ずしも悪いことではありません。

XDの役割

Adobeは、XDを「UI/UXデザインプロトタイプ共同作業ツール」であるといっています。
ここでは、まず「プロトタイピング」と「共同作業」とはどういうことかについて解説します。

プロトタイピングとは

プロトタイピングとは実際に動く見本をつくることです。従来のデザインカンプはただの画像であり、たとえばスマートフォンでリンクをタップしてページを移動するという動きを見ることができません。
XDにはプロトタイピング機能がついているため、たとえば「ボタンをクリックしてページを遷移」という動きを確認できることはもちろん、プロトタイプをスマートフォンの画面上に表示してタップやスワイプして動作を確認することができます。そのため、たとえば「重要なボタンがスマートフォンの画面上で押しづらい位置にないか？」など、ユーザーの使い勝手を考えたUIデザインの確認がしやすいといえます。

関係者とのデザインの共有が簡単

たとえば、制作中に「ディレクターとの間でプロトタイプを共有して制作の方向性がずれていないか確認したい」とか、「クライアントにプロトタイプを見せて確認したい」ということもあるでしょう。
そういったとき、相手のPCにXDがインストールされていなくても、ブラウザを使用してプロトタイプを見せることができます。
コーダーにデザインデータを渡すときも、コーダーのPCにXDがインストールされている必要はありません。「デザインスペック」という機能を使用すれば、ブラウザを介してオブジェクトのサイズやオブジェクト同士の間隔、カラー、フォントサイズなどさまざまな情報を共有することができます（13-2参照）。

デザインスペックをChromeで動かしているところ。

XDの長所

使用するためのハードルが低い

たとえば案件によっては、Webディレクターがデザインの前段階である「ワイヤーフレーム」を制作することができれば、デザインがはかどるということがあるでしょう。その際、ディレクターにPhotoshopやIllustratorの使い方を覚えてもらうというのはなかなかハードルが高いことです。

しかし、XDであればシンプルで必要最低限の機能しかないため、ディレクターなどにもすぐに習得してもらうことができるでしょう。デザイナーだけでなく関係者が共通で使うツールとしても使用しやすいといえます。

同じ要素の繰り返しに強い

Webページでは「商品の一覧」や「記事のリスト」など繰り返しの要素がよく使用されます。従来のアプリケーションでは繰り返しのコンテンツを制作するときにコピー&ペーストや複製などを使用すると思いますが、XDには「リピートグリッド」という機能が用意されています（8-6参照）。リピートグリッドを使用すると単純な繰り返しがつくれるだけでなく、記事名や商品名などのリストをテキストファイルで用意しておき、記事タイトル部分をまとめて置換したり、画像ファイルを連番で用意しておき、まとめてサムネール画像を置換することができます。

繰り返したい部分を選択して［リピートグリッド］ボタンをクリックし❶、緑のバウンディングボックスを下にドラッグすると❷繰り返しになります。

テキストファイルをテキスト部分にドラッグしたり、複数の画像ファイルを画像部分にドラッグすると、まとめて置き換えることができます。

ページや画面の数が多い場合に強い

たとえば、Photoshopではたくさんのアートボードを制作すると、あっという間に動作が鈍くなってしまいます。IllustratorはPhotoshopよりはだいぶましなのですが、それでも100を超えるようなアートボードをつくっていると動きが鈍くなってしまいます。それに対し、XDは100を超えるようなアートボードを作成してもサクサクと動作するのが特徴です。そのためWebデザインだけでなくゲームデザインなど画面数が多い仕事でも使われることがあります。

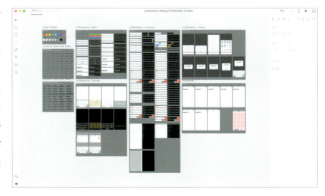

1-5 Sketch向きのデザイン・作業

たくさんのデザイナーが関わるような大規模なWebサイトや
Webアプリケーションを設計する場合、Sketchが向いていることが多いでしょう。
シンボルのオーバーライドや豊富なプラグインで作業が捗るはずです。

Sketchの長所と短所

シンボルのオーバーライドができる

Sketchの強みは「シンボルのオーバーライド」にあると筆者は考えています。シンボル機能自体はIllustratorなどにもありますが、たとえばトップページと下層ページでナビゲーションバーの内容が異なるといった場合、シンボルのオーバーライド機能が使用できると便利です。
ここでは例として、スマートフォンアプリのApp Bar内のテキストを書き換えてみます。

1 テキストを選択し❶、[Layer]メニューの[Create Symbol]を選択し❷、[OK]ボタンをクリックします❸。テキストからシンボルが作成されます。

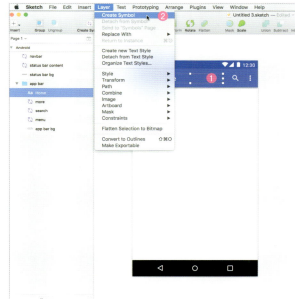

2 アートボードを複製し、複製したアートボードのシンボル（テキスト）をクリックで選択します。

3 [Overrides]内のテキストを書き換えて Return (Enter)キーを押します。

4 複製したアートボードのシンボル（テキスト）が書き換わりました。フォントサイズを変更した場合はすべてのアートボードに変更が反映されます。

COLUMN

SketchはAtomic Designに最適

Atomic Designとは、従来のデザインのようにページ全体のイメージから徐々に細部をつくっていくのではなく、Atomsと呼ばれるそれ以上分割できないほど細かい要素をまとめてMoleculesと呼ばれる最小限の機能を有するグループをつくり、それらをまとめてOrganismsと呼ばれる要素のまとまりをつくり、それらをまとめて1つのページをつくり上げるデザイン手法のことです。Atomic Designを採用する場合、Sketchを使用してデザインするのが自然です。

リサイジング機能でレスポンシブなデザインカンプが制作できる

一般的なグラフィックソフトでiPhone 8用の画面サイズのものをiPhone 8 Plusのサイズに引き伸ばした場合、単純に画像が引き伸ばされてしまいます。しかし、Sketchのリサイジング機能を使用するとアイコンが横に引き伸ばされたりフォントサイズが変わってしまうことなく、適切に画面全体を拡大することができます。

リサイジングを適切に設定していれば、アートボードを大きくしてもナビゲーションバーのサイズが適切にリサイズされます(右)。

CSSで再現できるデザインしかつくれない

Sketchは基本的にCSSで再現できるデザインしかつくれません。というとデメリットなのではと思うかもしれませんが、Web制作をおこなううえではこれは地味に便利なことです。最新のCSSプロパティに精通していない人がデザインしたとしても、「これはCSSで再現できないのでは?」と心配する必要がありません。Sketchではオブジェクトを選択し、右クリックして[Copy CSS Attributes]でCSSの情報をコピーすることができます。

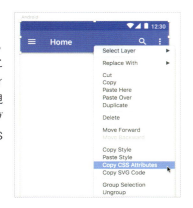

低価格なのでたくさんのPCにインストールしやすい

たとえば「デザインツールをデザイナーだけでなく、コーダーやエンジニアのPCにもインストール必要がある」という場合を考えてみましょう。Adobe製品を使用する場合は「Adobe CCの月額料金×PCの台数」が必要となりますが、Sketchの場合は「年間99ドル×PCの台数」で済みます。

Macのみでユーザーインターフェイスは英語

「SketchのWindows版はいつ出ますか?」という質問は頻繁に聞かれますが、公式サイトに「Mac以外にリリースする予定はない」とはっきり書かれています。そしてメニューなどのユーザーインターフェイスは英語のみで、日本語版が出る可能性は低そうです。日本語のテキストを制作すると表示がおかしくなるという問題も数年前からありますが、修正される気配はありません。

CHECK! Sketch公式サイトのサポートを参照
"Sketch - Is Sketch available for Windows or Linux?"
https://www.sketchapp.com/support/requirements/other-platforms

1-6 CCアプリ間の連携について

Adobe CC製品は、ほかのCC製品と連携しデザインしやすいように設計されています。それぞれのアプリでWebデザインカンプを制作する場合、どう連携するのがよいのかの概要を解説します。

Photoshopでデザインカンプを制作する場合

CHECK!

[CCライブラリ] パネル

[ライブラリ]パネルは[CCライブラリ]パネルと名称が変わりました。本書の画面では[ライブラリ]の表示のままになっていますが、ご了承ください。

[CCライブラリ] パネルでIllustratorのアイコンを利用する

アイコンはIllustratorを使用して制作することが多いでしょう。その場合、制作したアイコンはIllustratorの[CCライブラリ]パネルにドラッグで入れておきます。そしてPhotoshopで[CCライブラリ]パネルから使用したい場所にドラッグして使用します。もしアイコンのデザインを変更したい場合は[CCライブラリ]パネルでそのアイコンの部分をダブルクリックするとIllustratorで開かれます。修正したのちに上書き保存すれば、そのアイコンはすべてまとめて修正されます。Creative Cloudライブラリについては、Lesson06で説明します。

Illustratorでアイコンを[CCライブラリ]パネルに登録します。

Photoshopで[CCライブラリ]パネルからアートボードにドラッグ&ドロップします。

スマートオブジェクトとしてIllustratorのアイコンを利用する

[CCライブラリ]パネルを使用したくない場合、Illustratorでコピーし、それをPhotoshopにペーストするときに[スマートオブジェクト]を選択しましょう。

アイコンを修正したい場合は[レイヤー]パネルの[スマートオブジェクトサムネール]部分をダブルクリックするとIllustratorでそのアイコンが開きます。Illustratorでアイコンを修正し、保存してPhotoshopに戻ると修正が反映されています。スマートオブジェクトについては4-1で説明します。

修正したいときはPhotoshopの[レイヤー]パネルの[スマートオブジェクトサムネール](レイヤーサムネール)部分をダブルクリックします。

Photoshopにペーストする際[スマートオブジェクト]を選択します。

Illustratorでデザインカンプを制作する場合

[CCライブラリ] パネルでPhotoshopのパーツを利用する

たとえば光沢感のあるボタンなどのパーツなどは、Photoshopで制作することがあるかもしれません。その場合もPhotoshopの[CCライブラリ]パネルにパーツをドラッグし、Illustratorの[CCライブラリ]パネルからパーツをドラッグして貼りつけるとよいでしょう。方法はPhotoshopの場合と同じです。

リンク配置でPhotoshopのパーツを利用する

[CCライブラリ]パネルを使用しない場合は、Illustratorで[ファイル]メニューの[配置]をクリックし、Macの場合は[オプション]❶をクリックしてから[リンク]❷にチェックを入れ、配置しましょう。すると、Photoshopでファイルを修正し保存したときにIllustratorに即座に反映されます。Windowsの場合は[オプション]ボタンはありません。

XDでデザインカンプを制作する場合

CCライブラリからパーツを使用する

Illustratorで制作したアイコンなどを使用したり、Photoshopで制作したパーツを使用する場合は、同じく[CCライブラリ]パネルに登録します。XDで[ファイル]メニューの[CCライブラリを開く]で[CCライブラリ]パネルを表示させると、登録したアイコンやパーツをドラッグ&ドロップでリンク配置することができます。[CCライブラリ]パネルに登録されているパーツを右クリックして[編集]を選択すると、制作したアプリが開いてデータを編集でき、保存するとXD上でも反映されます。

コピー&ペーストで利用するときの注意

[CCライブラリ]パネルを使用しない場合、元のアプリでコピーしてXDにペーストするという方法が考えられます。XDにはスマートオブジェクトやリンクとして配置する機能はありません。コピー元との関係は切れるので、元ファイルを変更してもXD上では反映されません。

コピー&ペーストで利用する際に注意が必要なのは、SVGとしてペーストされる関係でSVGで表現できないことは表現できません。したがって、以下は正しくペーストできないことがあります。

- 縦書きのテキスト（横書きに変換されます）
- フィルター　　● パターン
- ビットマップマスク　● ブレンドモード
- 一部のグラデーション
- テキストアンカー
- ネストされたSVG
- SVGに変換した際100MBを超えたもの
- 512万画素を超える画像

また、以下のような問題が発生することがあります。

- ペーストしたものは自動的にグループ化されます。
- レイヤーは保持されません。
- フォント名に半角英数字以外の文字が含まれる場合は、HelveticaやArialに置換されます（例：[小塚明朝Pr6N]は半角英数字以外の文字が含まれるためMacでは[Helvetica]に置換され、[Osaka]は半角英数字以外の文字が含まれないため置換されずそのまま利用できます）。

スマートオブジェクト、リンク、CCライブラリの違いや特徴について詳しくは7-3で説明します。

Adobeのヘルプを参照

これらは必ずしも「SVGに変換されたから発生した」問題ばかりではないのですが、あてはまる場合はコピー&ペースト以外の方法で利用しましょう。以下のページも参考にしてみてください。
「ファイルがインポートされないのはなぜですか？」
https://helpx.adobe.com/jp/xd/kb/import-issues.html

CHECK!

1-7 モバイルアプリとの連携について

あまり知られていませんが、Adobeはかなりの数のスマートフォン向けアプリケーションをリリースしており、Adobe IDがあれば無料で利用できます。その中でWeb制作者の助けとなりそうなアプリを2つ紹介します。

Adobe XD CC

制作したプロトタイプのプレビュー

XDのドキュメントをスマートフォンでプレビュー（表示確認）することができます。スマートフォンをUSBケーブルでMacに接続するか、Creative Cloudを利用してインターネット経由で表示します。USBケーブルで接続してのプレビューはiPhone／Androidで可能ですが、Mac版XDのみの機能ですので注意してください（本書執筆時点）。WindowsユーザーはXDのドキュメントを「Creative Cloud files」フォルダーに保存すればインターネット経由で端末でプレビューできます。9-4で実践してみましょう。
従来のアプリケーションでは、デザインデータを制作したあとコーディングまでしなければ「スマートフォンでボタンをタップしたときに別のアートボードに画面が遷移する」などの動きをつくることが難しかったといえます。しかし、XDのモバイルアプリを使用すると、XDのプロトタイプ機能で設定した、「このボタンをタップするとこの画面に遷移する」といった動きも含め確認できます。ボタンが指の届かない場所にないかといった確認にも便利です。

CHECK!
デザイン制作はできないので注意
XDのモバイルアプリはあくまで「プレビュー用のアプリ」であり、現時点では「デザイン」や「プロトタイプ」などの制作の機能はありませんので注意してください。

Adobe Comp CC

Adobe Comp CCはタブレットなどを使用して、指で描いてWebページのラフスケッチやワイヤーフレームを制作することができます。スマートフォンの小さな画面では使用しづらいため、iPadなど画面が大きなタブレットでの使用をおすすめします。Apple Pencilも使用可能です。

基本的な使い方

Adobe Comp CCは他のAdobeツールとはまったく異なり、［長方形］ツールなどのツールを選択してからドラッグするのではなく、指またはApple Pencilを使って画面上にフリーハンドで描くと、アプリが形状を判断して自動的にオブジェクトやテキストエリアに変換してくれます。

1 長方形の形を描くと長方形のオブジェクトができます。

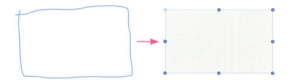

2 角丸長方形を描きたい場合は、長方形の図形を描いて右下の部分を丸で囲みます。

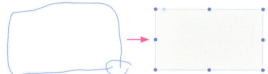

3 写真を挿入したい場合は、バツ印を描くとプレースホルダーと呼ばれる写真を入れるための枠が挿入されます。

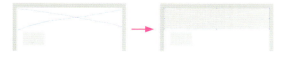

4 複数行のテキストを描きたいときは3本の線を横に引き右下に点を打ちます。テキストエリアが挿入され、ダブルタップで文字を入力できます。

制作した画像をIllustratorなどで開きたい場合は

Adobeのスマートフォン用アプリの便利な点は「画像を毎回保存してそれをPCで開く」という手間がいらないところです。インターネット経由でデスクトップアプリに送信して開けるので、そのまま編集したり、保存することができます。前提として、Adobe CCメンバーシップで利用しているPCを起動してインターネットに接続し、同じAdobe IDでログインしておく必要があります。

2-3でComp CCでワイヤーフレームを作成し、それをPhotoshopに送信してさらにXDのデータとして開く手順を説明しています。

1 Comp CCの右上にある[共有]ボタンをタップし❶、[Illustrator CCに送信]を選択します❷。

2 同じAdobe IDに紐づけられたWindowsやMacでIllustrator CCが起動し、制作していたファイルがすぐに開かれます。

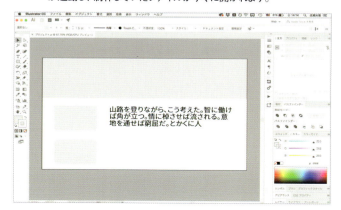

COLUMN Adobeのスマートフォン用アプリの注意点

Adobeのモバイルアプリはほとんどが無料で、Adobe CCメンバーシップを持っている人なら連携しやすいことがメリットです。たとえばAdobe Illustrator Drawは、Comp CCと同じように制作したイラストをベクトルデータとしてすぐにIllustratorで開くことができます。一方で注意が必要なのは、Adobeは常時数十種類のモバイルアプリを公開していますが、かなり頻繁に開発終了するのです。1-1で紹介したPreview CCもその1つで多くのWeb制作者が使用していましたが、現在はアプリストアでの公開を終了しています。そこで筆者はWebデザインのラフスケッチには紙とペンを使うか、Comp CCの代わりに「コンセプト」という他社製のアプリをiPadで使用しています。このアプリもベクトルグラフィックでデザインを制作し、Illustratorで開くことができます。

App Store「コンセプト」https://itunes.apple.com/jp/app/コンセプト/id560586497

ワイヤーフレームから
レイアウトへの
スムーズな進行

An easy-to-understand guide to web design

Lesson 02

IllustratorやPhotoshopを使ってデザイン作業を始める前に、企画→デザイン→コーディングを通じたデータの取り回しについて考えておきましょう。デザイナーはプロジェクトの一員として、前後の作業を意識する必要があります。ここでは、素材となるテキストの効率的な受け渡しや、XDやモバイルアプリを使ったワークフローの合理化についても紹介します。

Lesson 02　ワイヤーフレームからレイアウトへのスムーズな進行

2-1 テキストデータの上手な取り回し

大多数のWebサイトでコンテンツの核となるのは「テキスト」です。
ワイヤーフレームからレイアウトデータ内に効率よくテキストを取り込み、
そのままコーダーに手渡す「本番用テキスト」として扱う
ワークフローについて考察します。

テキストデータの扱いについて考える

WebサイトやアプリをデザインするIPS、デザイナーはクライアントやディレクターからPowerPointやExcelなどで作成したワイヤーフレームを受け取ることがよくあります。テキストデータは、そのワイヤーフレームから抜き出すことも多いでしょう。そんなときひとつずつコピー＆ペーストしてテキストを取り出していませんか？　あるいはレイアウトデザインが完成したあと、コーダーにレイアウトデータを渡す際に、別途テキストデータを渡したりしていませんか？
デザイナーが受け取るとき、デザイナーから渡すとき、どちらもテキストデータの取り回しを効率的にしておくと、開発全体の時間や労力を節約することができます。

レイアウトデータ内に効率的にテキストを取り込む

ワイヤーフレームに含まれるテキストデータをデザインアプリに取り込んで利用する際、要素ごとにいちいちコピー＆ペーストするのではなく、まとめて取り込めると効率的です。Illustrator・Photoshop・XDには、TXT形式（プレーンテキスト）のファイルを読み込む機能が用意されています（2-2参照）。ですので、Office系のアプリで作成したファイルから、テキストをTXT形式に変換してやれば、簡単にレイアウトデータ内に読み込むことができます。
PowerPointやExcelのファイルから、これらのアプリで使いやすいTXT形式で書き出すには少しコツがあります。それぞれのやり方について、このLessonで詳細に説明します。

レイアウトデータ内のテキストをコーディングで利用する

レイアウトデザインが完成して、コーダーにレイアウト内のテキストを渡す際、相手はAdobeのCCアプリケーションを利用していない場合も多いでしょう。テキストファイルを別に用意して渡す方法もありますが、そのための作業が増えることになります。

PhotoshopかXDでデザインしているのであれば、Webブラウザを使ってテキストデータを簡単に抜き出すしくみがいくつか用意されています。利用すれば別途テキストデータを用意する必要なく、どんな人にもレイアウトデータ内にあるテキストを簡単に利用してもらうことができます。

Photoshopの場合

「**Creative Cloud エクストラクト**」というサービスを使うと、PSD形式に含まれるテキストデータをブラウザまたはDreamweaverから利用できます。詳細な利用方法は14-1・14-2で解説しています。

XDの場合

「**デザインスペック**」という機能により、XDを持っていない人でもWebブラウザから簡単にテキストを抜き出すことができます。詳細な利用方法は13-2で解説しています。

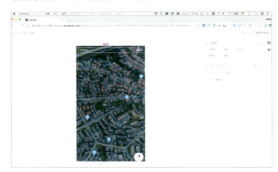

Illustratorの場合

残念ながらPhotoshopやXDのようなしくみはありませんが、AI形式のファイルからプレーンテキストを書き出すことは可能です。レイヤー順に書き出されるので、複雑なレイアウトではあらかじめレイヤーの整理をする必要があります。詳細な手順は14-3で解説しています。

ワークフローの例

現状のWeb開発やアプリ開発の多くのケースでみられるテキストの受け渡しは、以下のようなワークフローになります。

1. ディレクターがPowerPointやExcelなどでワイヤーフレームを作成する
2. デザイナーがそれらのファイルを受け取り、ツールなどを使ってテキストファイルに変換する
3. Photoshop、XD、Illustratorの機能を利用してテキストデータをデータ内に取り込む
4. レイアウト作業をする
5. データが完成したらコーダーが読み取れる形式で共有する

次のページからは、2 の手順を紹介します。
続く2-2で、5 の手順を詳しく説明します。

Lesson 02　ワイヤーフレームからレイアウトへのスムーズな進行

PowerPointファイルからテキストを抜き出す Lesson02 ▶ 2-1

ワイヤーフレームの制作で頻繁に利用されるPowerPointのファイルからテキストを抜き出すには、Googleドライブの機能を利用するのが、早くて簡単です。サンプルファイル「02-01-02.pptx」を使って試してみましょう。PowerPointでファイルを開く必要はありませんので、デスクトップに置いておいてください。

1 https://drive.google.com/ にアクセスし、[Googleドライブにアクセス]をクリックしたあと、Googleアカウントでログインしてください。アカウントを持っていない人は、[アカウントを作成]をクリックし、画面の指示にしたがって新規アカウントを作成しましょう。

2 ログイン後、左上にある[マイドライブ]のメニュー名に重なるように、デスクトップ上からPowerPointファイルをドラッグ&ドロップします。自動的にアップロードが始まります。

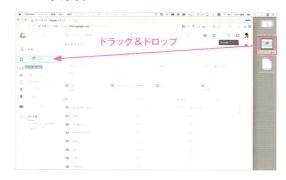

3 しばらく待つと画面右下に「1個のアップロード完了」というメッセージが表示され、その下に「02-01-02.pptx」の名前が表示されます。このファイル名をクリックして開きます。

4 プレビュー画面が開きます。上部に表示された[Googleスライドで開く]ボタンをクリックしましょう。

5 しばらく待つと、Googleスライドの形式に変換されたPowerPointファイルが表示されます。画面左上の[ファイル]メニューの[形式を指定してダウンロード]→[書式なしテキスト(.txt)]を選択します。

6 [ダウンロード]フォルダーにテキストファイルがダウンロードされたら、テキストエディタ(Macは「テキストエディット」、Windowsは「メモ帳」など)で開き、内容を確認します。PowerPointファイルから、テキストだけが抜き出されていることがわかります。

2-1 テキストデータの上手な取り回し

Excelファイルからテキストを抜き出す

Lesson02 ▶ 2-1

ディレクターやクライアントからは、Excelで作成したファイルで受け取ることがまだまだ多いでしょう。そこでExcelファイルからテキストファイルを書き出す方法と、抜き出したテキストをIllustratorやPhotoshopで利用しやすいように整える方法を説明します。Excelを起動し、サンプルの「02-01-03.xlsx」を開いてください。

Excelからテキストを書き出す

1 「02-01-03.xlsx」にはシートが2つ含まれています。「Sheet1 (シート1)」をアクティブな状態にしておきましょう。

2 [ファイル]メニューをクリックしたのち、[名前を付けて保存]を選択し❶、ファイル名入力欄の上の[↑]❷をクリックして、保存場所としてデスクトップ❸を指定しましょう。

CHECK!
シート単位で書き出される

テキスト形式で書き出す際は、ブック単位ではなくシート単位になります。シートごとに別のファイルとして保存する必要があるので、注意してください。

3 [ファイル名]にここでは「シート1テキスト」と入力❶します。[ファイルの種類]から[Unicodeテキスト(*.txt)]を選択❷して、[保存]をクリック❸します。

Mac版のExcelの場合 CHECK!

ここではWindows版のExcel 2016を利用して説明しています。Mac版のExcel 2016ユーザーは、画面上部にある[ファイル]メニューの[名前を付けて保存]を選択したのち、[オンラインの場所]ではなく[自分のMac]を選んでから、ファイル形式を「タブ区切りテキスト(.txt)」にして保存しましょう。

4 複数のシートを含むExcelファイルなので、図のようなアラートが表示されます。[OK]をクリックしましょう。

生成されたテキストファイルを整形する

書き出したテキストファイルは、あとでPhotoshopやXDに読み込む際に「1行が1レイヤーまたは1要素になる」ということを意識して、内容を整えておくことがコツです。具体的にはテキストに含まれるセルデータを区切る「タブ」記号を「改行」記号に置換します。そのためには検索置換機能で正規表現を利用できるエディタを用意します。

CHECK!
正規表現が使えるエディタ

Macでは「CotEditor」、Windowsでは「秀丸エディタ」などで正規表現を利用できます。

029

1 正規表現が使えるエディタで「シート1テキスト.txt」ファイルを開きます。図で示した場所に空きがあります。これは空白文字ではなく「タブ」による空きです。セルごとのデータの区切りを示すものですが、これを改行コードに変換していきます。

CotEditorの［フォーマット］メニュー→［不可視文字を表示］を選択すると、タブ記号が表示されます。

2 エディタの［検索］または［検索と置換］［置換］などのメニューを選択します。CotEditorでは［検索］メニューの［検索］を選択すると［検索と置換］ダイアログボックスが表示されます。

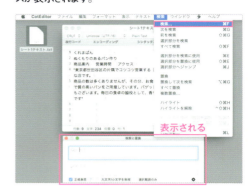

3 ［正規表現］のチェックボックスをオンにします。正規表現を使えるエディタでは同様のチェックボックスまたは設定項目があります。

4 検索語句に、正規表現でタブを意味する文字列を指定します。半角でMacなら「\t」（バックスラッシュと小文字のT）、Windowsなら「¥t」（半角の¥（円マーク）と小文字のT）を入力します。

COLUMN

正規表現とは？

正規表現とは、文字列の中から特定のパターンにマッチするものを検索・置換するときに利用できる手法です。「メタキャラクタ」と呼ばれる表記法を駆使し、テキストの中からたとえば「数字が4つ連続している箇所」「Adobeという文字列を含む行」というようなパターンを指定して操作することができます。この節で解説した「\t」というのは、正規表現のメタキャラクタで「タブ」を表し、「¥n」または「¥r¥n」は「Windows系の改行コード（CR+LF）」を表しています。もっと知識を深めたい人は、ぜひ「正規表現」という用語で検索し、学習してみてください。

---

5 置換語句に、正規表現で改行を意味する文字列を指定します。半角でMacなら「\n」、Windows（秀丸エディタ）なら「¥n」と入力します。Windowsで「¥n」でうまく改行されない場合は「¥r¥n」で試してみてください。

6 設定できたら［すべて置換］をクリックすると、タブが入っていた箇所がすべて改行に置き換わります❶。空白のセルがあって余分な改行が連続している行は、削除しておきましょう❷。

COLUMN

タブを改行に変換する理由

ここで紹介するテクニックでは、テキストを異なるレイヤー／要素に切り分ける「区切り」として、テキストデータ内の「改行」を利用します。Excelから書き出したテキストは、横方向のセルの区切りはタブで表現されます。これを改行に変換しておいたほうが後工程で利用しやすいテキストになります。

2-2 レイアウトデータに効率よくテキストを取り込む

前節で準備したテキストファイルを、Photoshop、Illustrator、XDで作成しているレイアウトデータの中に取り込み、要素ごとに使いやすく分け、効率的にレイアウトに利用していく方法について説明します。

Photoshopにテキストを取り込みレイヤーに分割する

Photoshopにテキストファイルから一気にテキストを取り込み、スクリプトを使って改行ごとにテキストレイヤーに分割するテクニックです。サンプルファイル「02-02-01.txt」をテキストエディタで開き、同時にサンプルファイル「02-02-01.psd」をPhotoshopで開いておいてください。

Lesson02 ▶ 2-2

生成されたテキストファイルを整形する

1 テキストエディタで開いた「02-02-01.txt」のテキストは、1行ごとに別のテキストレイヤーに分割する想定で改行してあります。すべてを選択し、⌘＋C（Ctrl＋C）キーでコピーします。

2 「02-02-01.psd」を開いたPhotoshopの画面に移動します。[ウィンドウ]メニューの[文字]を選択して[文字]パネルを表示し、図のように文字を設定します。同じフォントがない場合には、マシンにある別のフォントでもかまいません。

[フォント]小塚ゴシック Pr6N
[フォントスタイル] R
[フォントサイズ] 28px
[行送り] 自動
[カラー] #000000

3 ツールバーから[横書き文字]ツールを選択し、アートボードの左上から右下にかけて大きなテキストエリアを描き❶、先ほど全文をコピーしたテキストを⌘＋V（Ctrl＋V）キーでペーストします❷。

テキスト分割のスクリプトを取得する

1つのテキストレイヤーに貼りつけたテキストを、改行位置で別レイヤーになるように分割するにはPhotoshop用のスクリプトを利用します。GitHubから「複数行のテキストを改行で分割するPhotoshop用スクリプト」というJavaScriptのコードをダウンロードします。

CHECK!

複数行のテキストを改行で分割するPhotoshop用スクリプト

個人のクリエイターmioさんがGitHub上で無償で配布しているコードです。
https://github.com/mio3io/jsx.SplitMultiLine

1. Webブラウザを開いて、GitHubのURL（https://github.com/mio3io/jsx.SplitMultiLine）にアクセスします。［Clone or download］をクリックし❶、開いた吹き出し内の［Download ZIP］をクリックします❷。

2. 「ダウンロード」フォルダーに「jsx.SplitMultiLine-master.zip」というZIPファイルが保存されます。展開すると「jsx.SplitMultiLine-master」という名称のフォルダーが作成され、中に「SplitMultiLine.jsx」というテキストファイル（JavaScript）が入っていますので、これを利用します。

Photoshopからスクリプトを実行する

1. Photoshopの画面に戻ります。［レイヤー］パネルで、前ページでペーストしたテキストレイヤーをクリックして選択しておきます。

2. ［ファイル］メニューの［スクリプト］→［参照］を選択します❶。ファイル選択のダイアログボックスが表示されるので、先ほどダウンロードした「SplitMultiLine.jsx」を選択し❷、［開く］をクリックします❸。

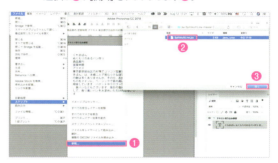

3. 「SplitMultiLine」のダイアログボックスが表示されます。分割後のレイヤー同士を縦方向にどのくらい離すかを設定する［行送り］にここでは「100」と入力し❶、［OK］をクリックします❷。

4. 処理が完了したら［レイヤー］パネルの中を確認します。一番下に元のテキストレイヤーがあり、目のアイコンをクリックして非表示にすると❶、そのほかに改行位置で分割されたテキストレイヤーが5つ作成されています❷。あとは、これを利用してデザインを進めることができます。

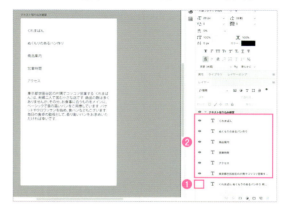

CHECK! バウンティングボックスは調整する

分割されたテキストレイヤーのバウンティングボックスは、最初に作成したときの大きさを引き継いでいます。大きすぎるので、適宜変更するとよいでしょう。

Illustratorにテキストを取り込み、レイヤーを分割する

同様にIllustratorにテキストファイルから一気にテキストを取り込み、スクリプトを使って改行ごとにテキストレイヤーに分割するテクニックです。サンプルファイル「02-02-02.txt」をテキストエディタで開き、同時にサンプルファイル「02-02-02.ai」をIllustratorで開いておいてください。

Lesson 02 ▶ 2-2

Illustratorにテキストをコピー＆ペーストする

1 テキストエディタで開いた「02-02-02.txt」のテキストをすべて選択し、⌘＋C（Ctrl＋C）キーでコピーします。このテキストは、1行ごとに別のエリア内文字に分割する想定で改行してあります。

2 「02-02-02.ai」を開いたIllustratorに移動します。［ウィンドウ］メニューの［書式］→［文字］を選択して［文字］パネルを表示し、図のように文字を設定します。同じフォントがない場合には、マシンにある別のフォントでもかまいません。

［フォント］小塚ゴシックPr6N
［フォントスタイル］R
［フォントサイズ］14px
［行送り］自動

3 ツールパネルから［文字］ツールを選択し、アートボードの左上から右下にかけて大きなテキストエリアを描き、先ほど全文をコピーしたテキストを⌘＋V（Ctrl＋V）キーでペーストします。

4 ツールパネルから［選択］ツールを選択し、エリア内文字下部から出ている［■］をダブルクリックすると、中に入っているテキストの分量に合わせてエリアの大きさが自動で調整されます。

テキスト分割のスクリプトを取得し、適用する

1つのエリア内文字に流し込んだテキストを、改行位置で別々のエリア内文字になるように分割するには、Illustrator用のスクリプトを利用します。インターネットで公開されている「テキストばらしAI」というJavaScriptのコードをダウンロードしましょう。

1 ブラウザを開いて、URLにアクセスします。［無料ダウンロード］をクリックすると、「ダウンロード」フォルダーに「tactscript_ illustrator07.zip」というZIPファイルが保存されます。

CHECK! テキストばらしAI

タクトシステム株式会社のWebサイト上で無償配布しているJavaScriptです。
https://www.tactsystem.co.jp/applescript/illustrator07.html
■動作環境
● 推奨動作環境…OS X Mavericks（10.9.5）／Windows
● 対象アプリケーション…Illustrator CS6以降

033

2. 展開すると「テキストばらし」という名称のフォルダーが作成され、中に「テキストばらしAI.jsx」という名前のテキストファイル（JavaScript）が入っています。環境によっては拡張子が非表示となり、「テキストばらしAI」という名前になっている場合があります。

3. 「テキストばらしAI.jsx」を、以下のフォルダーの中に置きます。
   - macOS：/Applications/Adobe Illustrator CC 2018/Presets.localized/ja_JP/スクリプト
   - Windows：C:¥Program Files¥Adobe¥Adobe Illustrator 2018¥Presets¥ja_JP¥スクリプト

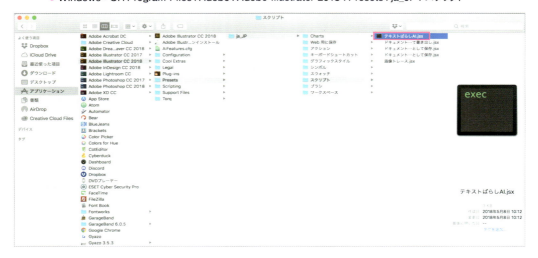

4. Illustratorの画面に戻ります。［選択］ツールを使って、先ほど作成しておいたエリア内文字を選択し、［ファイル］メニューの［テキストばらしAI］を選択します。

5. 処理が完了すると、行ごとに分割されたエリア内文字が5つ作成されます。あとは、これを利用してデザインを進めることができます。

COLUMN ポイント文字とエリア内文字の切り替え

Illustratorでは、ポイント文字とエリア内文字の切り替えが可能です。ばらした行の長さによっては、ポイント文字のほうが使い勝手がよいかもしれません。エリア内文字右側から出ている［●］をダブルクリックすると、テキストの長さに合わせてバウンディングボックスがフィットし、ポイント文字に変化します。Illustratorでのテキストについては10-3で詳しく解説します。

Adobe XDにテキストを取り込む

 Lesson 02 ▶ 2-2

PhotoshopやIllustratorと違い、XDではスクリプトを利用しなくても、標準でテキストを分割して取り込む機能があります。サンプルファイル「02-02-03.txt」をデスクトップに置いて、同時にサンプルファイルの「02-02-03.xd」をXDで開いておいてください。

XDへのテキストの取り込みはドラッグ&ドロップが基本

XDへのテキストファイルの取り込みはドラッグ&ドロップが基本です。この方法では、すべてのテキストがひとつのエリアテキストの中に入ります。

1 「02-02-03.xd」を開いたXDのウィンドウの横幅を狭めたり位置を移動して、デスクトップにある「02-02-03.txt」のアイコンが見えるようにします。

2 「02-02-03.txt」のアイコンを「02-02-03.xd」のアートボード上にドラッグ&ドロップします。

3 自動的にエリアテキストが作成され、中にテキストが流し込まれた状態になります。このときエリアからあふれたテキストがあると、下辺中央のハンドルの中に青い円が表示されます。

4 青い円がついたハンドルを、あふれたテキストがすべて見えるまで下方向にドラッグします。ここまでの作業は練習ですので、このファイルは保存しないで閉じてください。

リピートグリッドの機能を応用して、テキストを分割取り込みする

テキストを改行ごとに分割して取り込むには、「リピートグリッド」の機能を応用します。PhotoshopやIllustratorにはないXDの特徴的な機能のひとつで、詳しくは**8-6**で解説しています。

CHECK!
ポイントテキストにドロップしたとき

XDでは既存のポイントテキストにドラッグ&ドロップすることで、テキストを取り込むこともできます。ポイントテキストにドロップした場合は、最初の改行までのテキストだけが読み込まれ、以降のテキストは読み込まれません。

1 「02-02-03.xd」をXDで開きます。ツールバーから[文字]ツールを選択し、ドラッグして図のような大きさのエリアテキストエレメントを描きます。

2 作成したエリアテキストエレメントの中に、10文字程度のダミーテキストを入力しておきます。あとで正しいテキストに置き換わりますので、何を入れてもかまいません。

3 [選択範囲]（Windowsは[選択]）ツールに切り替え、入力したテキストエリアが選択された状態のまま、プロパティインスペクターで図のようにテキストの詳細を設定します。[Kozuka Gothic]（小塚ゴシック）がない場合は、別のフォントを利用してもかまいません。

CHECK！
XDでのフォント名の表示
2018年8月現在、XDでは和文を含めたすべてのフォントが英語名で表示されます。

4 [選択範囲]（選択）ツールを選び、[プロパティ]パネル上部の[リピートグリッド]ボタンをクリックします。

5 テキストが黄緑色の点線で囲まれた状態になりますので、下辺中央のハンドルを下方向にドラッグし、テキストが6回繰り返されるまで広げます。

6 デスクトップ上に置いてある「02-02-03.txt」のアイコンを、1行目のテキストに重なる位置にドラッグ&ドロップします。

7 「02-02-03.txt」の6行のテキストが、繰り返されたテキストエリアに1対1で対応して流し込まれました。リピートグリッドが選択された状態で❶、[オブジェクト]メニューの[グリッドをグループ解除]を選択します❷。

8 リピートグリッドが解除され、6つの独立したエリアテキストエレメントになります。テキストがあふれている場合は下辺中央のハンドル内に青い円が表示されますので、ドラッグしてテキストがすべて見える位置まで広げます。

2-3 一歩進んだワイヤーフレームの作成を検討しよう

データの変換や取り込みが必要になるOffice系のアプリケーションを使う旧来のワークフローから抜けだし、チーム全体での作業効率を高められないか、検討してみましょう。

ディレクターやクライアントにXDを使ってもらうのも手

ここまでは、クライアントやディレクターがOffice系のアプリを使って作成したデータからテキストを効率よく抜き出し、それをレイアウトデータに取り込む方法について見てきました。いったんそこから離れて、チーム内でOffice系のアプリを使わないワークフローができないかを考えてみましょう。

変換の労力を省くワークフロー導入を検討しよう

クライアントやディレクターはWindowsでExcelやPowerPointを使い、デザイナーはMacでPhotoshopやIllustratorを使う。ワイヤーフレーム作成のアプリケーションと、レイアウトやプロトタイプを作成するアプリケーションは、異なるのがあたりまえ。そんな仕事環境が固定化しているチームも少なくないようです。チームに参加するメンバー内で利用するアプリケーションが統一されていないと、コンテンツデータの受け渡しや流用にむだな労力がかかってしまいがちです。そこで、近年注目されているのが、「そもそもワイヤーフレームそのものをXDで作成する」というワークフローです。

XDは学習コストが低く、プロトタイピングで生産性を改善できる

ディレクターは「え、わざわざ新しいツールを覚えなきゃいけないの？」と不満に感じるかもしれません。しかし、XDを起動してみると、ツールの数が極端に少ないのがわかります。オブジェクト描画系のツールは4つしかなく、パネルも合計3つしかありません（2018年8月現在）。そのため、機能を習得するのに必要な時間はかなり短く、普段PowerPointなどを使い慣れている人なら、半日もあればほぼ理解できるでしょう。

さらにXDでは、ページ遷移の関係性もツールの中で示すことができます。いままでPowerPointやExcelなどで作成していた「画面遷移図」を別途作成する必要がありません。ほかに、ブラウザ上で関係者のコメントを集約する機能もあり、「チーム内でのコミュニケーションを促して可視化する」→「PhotoshopやIllustratorと組み合わせて詳細なグラフィックを制作する」→「コーダーが必要なコードを取得する」というワークフローをひとつのアプリケーションを軸におこなっていくことが可能です。チームの生産性改善のため、利用を検討してみてもよいかもしれません。

Lesson 02　ワイヤーフレームからレイアウトへのスムーズな進行

Comp CCでワイヤーフレームを作成してみよう

CCのモバイルアプリを利用すれば、XDを軸にしたワークフローをさらに発展させることができます。1-7で紹介したAdobe Comp CCは、スマートフォンやタブレットの画面をジェスチャーでなぞる操作でカンプを作成できます。iOS／Androidに対応し、有償もしくは無償のCreative Cloudメンバーシップがあれば利用できるので、移動中にちょっとしたラフを作成したり、クライアントから原稿をもらう手段にも活用できるでしょう。

ここではComp CCでワイヤーフレームを作成し、それをXDに取り込んで利用する手法を紹介します。この方法では、残念ながら複数アートボードを持つXDファイルを作成することはできませんが、モバイルを活用してワイヤーフレームを作成するアイデアとして参考にしてください。

Adobe Comp CCの入手

下記のAdobe公式ページにアクセスして詳細を確認し、App StoreかGoogle playからダウンロードしてください。
https://www.adobe.com/jp/products/comp.html

新規プロジェクトをつくる

1 iOS／Android端末でダウンロードしたComp CCを起動し、Adobe IDでログインします。ここではiPhoneで利用していますが、PC向けサイトであれば、画面の大きなタブレット端末で利用してカンプを作成するのもひとつの方法です。

2 Comp CCでは、最初にプロジェクトと呼ばれる作業領域を作成する必要があります。端末の大きさにより位置が違いますが、紫色の丸いボタンをタップしましょう。

3 ［形式を選択］画面になりますので、制作対象の画面サイズを選択しましょう。ここでは［iPhone 6/7］を選択します。選択したサイズのプロジェクトが作成されます。

ジェスチャーでカンプをつくる

Comp CCでは、ジェスチャーを使ってオブジェクトを描いたり、テキストを入力することができます。

1 テキストの入力には、まず「3本線＋右下に点」のジェスチャーでダミーテキストを挿入します。

2 挿入されたダミーテキスト右側のスライダーを動かすことで、フォントサイズを変更することができます。

3 ダミーテキストをダブルタップすると、キーボードが表示されて文字が入力できる状態に変わります。この図のように音声入力するのも、効率化を図るひとつの方法です。

4 写真を挿入するには、図のようにバツ印を描くとプレースホルダーが挿入されます。

5 プレースホルダーを選択した状態で、下部にある一番左の写真アイコンをタップすると❶、さまざまな方法で写真を挿入することができます。[マイデバイス上]をタップし❷、端末に保存されている画像を挿入してみましょう。

6 用意されているジェスチャーを知りたい場合は、右上の歯車アイコンをタップして❶、[描画ジェスチャーのヘルプ]❷を開きます。操作方法をアニメーションの解説で閲覧できます。

Photoshop形式で書き出す

カンプが完成したら、PSD形式でドキュメントを書き出すことができます。操作しているモバイル端末とデータを受け取るPCがインターネットに接続している必要があります。

1 右上の四角に上矢印のアイコンをタップして❶、[Photoshop CCに送信]❷をタップします。

2 しばらく待つと、同じAdobe IDでログインしているMac／WindowsのPhotoshopが自動的に起動し、インターネット経由で「プロジェクト.psd」という名称のファイルがプッシュされてきます。Photoshopの[ファイル]メニューの[別名で保存]を選択し❶、ここではデスクトップ❷を選んで保存します❸。

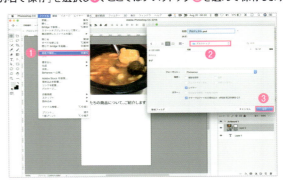

書き出したファイルをXDで開く

XDではPSDファイルを開いて編集し、XDファイルとして保存することが可能です。

1 XDを起動して、[ファイル]メニューから[開く]❶で、先ほどデスクトップに保存した「プロジェクト.psd」❷を選択して開きます❸。

2 変換に少し時間がかかることがありますが、PSDファイルをXDで開くことができます。テキストが編集できることを確認しましょう。写真は埋め込み状態になっており、書き出すこともできます。

Lesson 02　ワイヤーフレームからレイアウトへのスムーズな進行

lesson02 — 練習問題

下図の左側にあるようなプレーンテキストファイル（.txt）を
XDのレイアウトデータ内に取り込み、
右側のようにバラバラのエリアテキストに分割してみましょう。

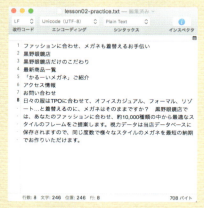

Before

After

❶ 取り込む前のプレーンテキストの中で、別のエリアテキストとして分割したい部分に改行を入れ、そうでない部分には改行が入っていないかを確認します。

❷ XDで新規ファイルを作成します。

❸ ［テキスト］ツールを使ってドラッグし、エリアテキストエレメントを作成します。

❹ エリアテキストエレメントの中に、ダミーテキストを入力します。文字数は取り込むテキストには影響しないので、あまり厳密に考えなくて大丈夫です。

❺ 作成したエリアテキストを［選択範囲］（選択）ツールで選択し、プロパティインスペクター上部の［リピートグリッド］ボタンをクリックします。

❻ エリアテキストを黄緑色の点線が囲んだ状態になり、リピートグリッドに変化しますので、下辺中央のハンドルをドラッグして下方向に伸ばします。

❼ プレーンテキスト内の行数と同じ数だけ、エリア内テキストをリピートさせます。

❽ プレーンテキストファイル（02_Q.txt）のアイコンを、Finderまたはエクスプローラー上からXDファイル内のリピートグリッドの上に確実に重ねるよう、ドラッグ&ドロップします。

❾ 1つのエリアテキストに、プレーンテキスト内の1行のテキストが挿入されます。［オブジェクト］メニューの［グリッドをグループ解除］を実行して、分割しましょう。

❿ バラバラのエリアテキストになりました。あとは自由な位置に自由なサイズで配置しましょう。

Illustratorで
アイコンや
ロゴマークなどの
パーツを制作しよう

An easy-to-understand guide to web design

Lesson 03

Illustratorでベクトルグラフィックのアイコンをつくる際は、再編集のしやすさや、SVGに書き出したときのファイル容量の軽減を意識して制作するようにしましょう。サーバーの設定を見直してSVG画像が高速に配信されるようになっているかも確認します。アイコン制作に慣れていない人のための練習も含んでいます。

Lesson 03　Illustratorでアイコンやロゴマークなどのパーツを制作しよう

3-1 再編集しやすさを意識して パーツを作成しよう

アイコンを完成させたあとで形の微調整を依頼されたとき、
最初からつくり直したことはありませんか？
ここでは、どうすれば完成後でも修正しやすいアイコンがつくれるか考えてみましょう。

再編集しやすい 「パスファインダー」の使い方

Lesson3 ▶ balloon_gear.ai

再編集しやすいとは具体的にどういうことか、図のような簡単な吹き出しを例に考えてみましょう。
吹き出しの出っ張った部分は、位置を変更したり大きさを変更したりしなければいけないこともあるかもしれません。吹き出しの楕円形部分と飛び出した部分を合体するときに、パスファインダーの［合体］ボタンを普通にクリックしてしまうと、あとで飛び出した部分の位置や大きさを変更することができなくなります。
そこで、［合体］ボタンを option （ Alt ）キーを押しながらクリックします。すると［複合シェイプ］となり、通常の合体ではなく、合体した

あとでも［選択］ツールで吹き出しをダブルクリックして、飛び出した部分の位置を変更したりサイズを変更することができるようになります。
このように普段からあとあと変更しやすいように制作しておくと、修正が入ったときに時間をむだにせずに済みます。

再編集しやすいギアのアイコンをつくる

設定ボタンなどでよくある「ギア」、つまり歯車の形をつくる場合を考えてみましょう。ギアの形は中心で交差する複数の長方形と円形のパスファインダーによる作成だとすぐわかるでしょう。
もし、あとから変更が入って「歯の部分を短く、あるいは長くする」といった修正が必要になったとき、普通に長方形を回転して複製する方法で制作していると、すべての複製したパーツをいちいち修正することになってしまいます。そこで、以下のような手順で作成します。

［変形効果］で歯をつくる

1　縦長の長方形を作成したのち、［効果］メニューの［パスの変形］→［変形］を選択します。

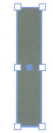

042

3-1　再編集しやすさを意識してパーツを作成しよう

2　[変形効果]ダイアログボックスで[角度：45°]❶、[コピー：4]❷と入力します。[プレビュー]にチェックをすると効果がわかりやすいでしょう❸。Return（Enter）キーを押すと雪の結晶のような形ができます。

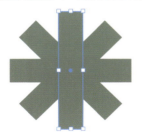

3　アートボード上で⌘（Ctrl）＋クリックするなどして、先ほど作成した長方形の選択を解除しておきます。

複合シェイプで複数のパスを合体・型抜きする

1　[楕円形]ツールを選択し、オブジェクトの中心部分から option（Alt）と Shift キーを押しながらドラッグし、正円を作成します。

2　長方形と円を[選択]ツールで両方選択し、[パスファインダー]パネルで[合体]を、必ず option（Alt）キーを押しながらクリックします。これで[複合シェイプ]として合体になります。

3　アートボード上を⌘（Ctrl）＋クリックするなどして選択を解除してから、2と同様にひと回り小さい円を作成します。

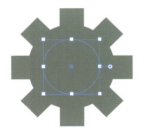

4　⌘（Ctrl）＋Aキーですべてのオブジェクトを選択します。

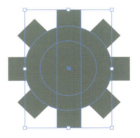

043

5 [パスファインダー] パネルで [前面オブジェクトで型抜き] を、必ず option (Alt) キーを押しながらクリックします。この場合も [複合シェイプ] として型抜きが実行され、元のシェイプが保持されたまま効果が適用されます。

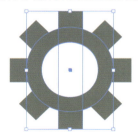

CHECK!

複合シェイプは複数実行できる

複合シェイプは追加・型抜き・交差・除外の4種類を指定でき、任意の効果を複数回組み合わせて使うことができます。

あとから歯車の形状を調整する

このようにして [変形効果] と [複合シェイプ] を使って作成しておくと、あとから歯車の設定を簡単に調整がすることができます。

1 歯の長さや太さを調整したいときは、[グループ選択] ツール（白矢印＋アイコン）で長方形をまず選択します。[選択] ツールに替えてバウンディングボックスの長辺にあるハンドルを option (Alt) キーを押しながらドラッグして中心を保って変形すると、ギア全体に反映されます。

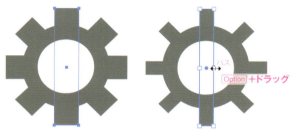

2 角の丸みを変更したい場合は、そのまま [変形] パネルで [角丸の半径] の値を変更します。

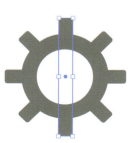

3 輪の部分の円の大きさや太さもあとから変更できます。[グループ選択] ツールで円だけを選択し、[選択] ツールに替え、バウンディングボックスを option (Alt) と Shift キーを押しながらドラッグして、正円を保ったまま中心から縮小します。

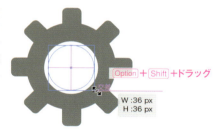

3-2 新しい[ピクセルグリッドに整合]を使おう

従来のIllustratorの[ピクセルグリッドに整合]にはさまざまな問題があり、Webデザインカンプ制作には使いにくい印象でしたが、Illustrator CC 2017から大きく進化して使いやすくなっています。

新しい[ピクセルグリッドに整合]を使用するには

ドキュメントでピクセルグリッドに整合させる

Illustrator CC 2017以降、[新規]ダイアログボックスには[ピクセルグリッドに整合]のチェックボックスがありません。新しい[ピクセルグリッドに整合]を使用するには、ドキュメント作成後にワークスペースで設定します。

1 ワークスペース右上のボタン[作成および変形時にアートをピクセルグリッドに整合します]をクリックして押し込まれた状態にします❶。どういった場合にスナップさせるかは、その右の☑をクリックして設定します❷。

2 [「ピクセルのスナップ」オプション]ダイアログボックスが表示されます。3つのチェックボックスでスナップさせる場合を細かく設定できます。

- 描画時にピクセルにスナップ：
  図形を新しくドラッグで作成したときにスナップさせます。
- 移動時にピクセルにスナップ：
  図形をドラッグして移動させたときにスナップさせます。
- 拡大・縮小時にピクセルにスナップ：
  バウンディングボックスをドラッグして拡大・縮小したときにスナップさせます。

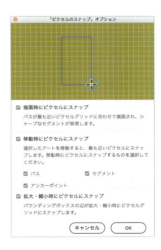

既存のオブジェクトをピクセルグリッドに整合させる

すでにアートボードにあるオブジェクトをピクセルグリッドに整合させるには、[選択]ツールなどでオブジェクトを選択して、[選択したアートをピクセルグリッドに整合]ボタンをクリックします。
ほかに、オブジェクトを右クリックして[ピクセルを最適化]を選択する方法もあります。

COLUMN

従来の[ピクセルグリッドに整合]の問題点

従来の[変形]パネル内の[ピクセルグリッドに整合]ボタンはIllustrator CC 2017からなくなりました。Illustrator CC 2016までの[ピクセルグリッドに整合]にはいくつか問題がありました。たとえば[新規ピクセルグリッドを整合]をオンにしていると1ピクセルの線を書いた時に2ピクセルの太さになってしまうのです。ロゴなどの図形を極端に縮小しそれを拡大すると汚くなってしまう場合があります。しかし、Illustrator CC 2017の[拡大縮小時にピクセルにスナップ]では縮小してから拡大しても汚くなるようなことがなくなりました。デザインカンプをIllustratorで制作する場合、必ずIllustrator CC 2017以降を使用することをおすすめします。

Lesson 03 Illustratorでアイコンやロゴマークなどのパーツを制作しよう

3-3 Webデザインで使える［効果］

Illustratorの［効果］は、Photoshopの［レイヤースタイル］に近いものです。
Photoshopと違うのは、装飾だけでなく形状の変更もできるということです。
ここでは、基本的な［効果］の使い方をおさらいしましょう。

四つ葉のクローバーの形をつくる

 Lesson 03 ▶ clover.ai

［パスの変形］にある効果を利用して、単純な正方形から簡単にクローバーの形をつくることができます。

1 ［長方形］ツールでアートボード上をクリックし、［幅:50px］、［高さ:50px］と入力してReturn（Enter）キーを押します。

2 ツールバーで［塗り:#00C853］、［線:なし］にします。

3 ［効果］メニューの［パスの変形］→［変形］を選択し、［変形効果］ダイアログボックスで［角度:45°］と入力し、Return（Enter）キーを押します。

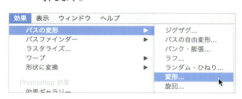

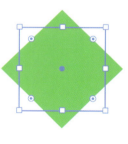

4 ［効果］メニューの［パスの変形］→［パンク・膨張］を選択し、［膨張:90%］と入力し、Return（Enter）キーを押します。

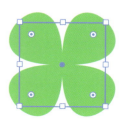

写真をぼかす

[ぼかし]を利用してWebサイトのヘッダーでよく見るような、ぼかした写真を制作してみましょう。

1 ［ファイル］メニューの［配置］を選択して写真「flower.jpg」を配置して、バウンディングボックスをドラッグして写真のサイズを調整します。

2 ［効果］メニューから［ぼかし］→［ぼかし（ガウス）］を選択します。［半径:30pixel］と入力し、Return（Enter）キーを押します。

3 写真をマスクするには［長方形］ツールで長方形を作成し❶、［選択］ツールでドラッグして写真と長方形を両方とも選択します❷。

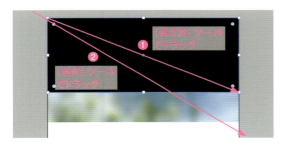

4 ⌘＋7（Ctrl＋7）キーを押してクリッピングマスクにすると、前面の長方形で写真が切り抜かれます。

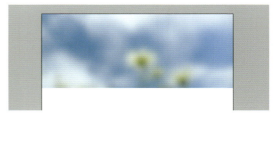

COLUMN

PhotoshopではなくIllustratorで写真をぼかすメリット

「写真をぼかすのはPhotoshopがよいのでは？」と思うかもしれませんが、Illustratorでデザインカンプを制作しているなら、同じアプリ内で適用するほうがあとから調整も簡単で便利です。写真を選択して［アピアランス］パネルの［ぼかし（ガウス）］の右にある［fx］ボタンをダブルクリックすると、再び［ぼかし（ガウス）］ダイアログボックスが開いて何度でも調整できます。［アピアランス］パネルに［ぼかし（ガウス）］が見あたらないときは、写真＋マスクを選択している場合があります。その際に写真のみを選択するには、［選択］ツールで写真部分をダブルクリックしてからクリックします。

Lesson 03　IllustratorでアイコンやロゴマークなどのパーツをWeb制作しよう

3-4 Webデザインで使える [アピアランス]

Web制作者でもIllustratorの[アピアランス]パネルを苦手としている人は意外と多いようです。慣れると効率よくデザインパーツをつくることができますので、ぜひ知っておきましょう。

シンプルな二重線の長方形

アピアランスのわかりやすい例として、長方形の線を簡単に二重にしてみましょう。

1 ツールバーで[塗り:白]、[線:黒]にし設定し、[長方形]ツールを選択して線幅1ptの長方形を作成します。その長方形を選択した状態で[アピアランス]パネルを見ると、[線:1pt 内側]と[塗り:白]の2つが存在します。

2 [線]アイコンをクリックして[線]パネルを展開し、[線の位置]を[外側]にします。

3 [アピアランス]パネルの右上にあるパネルメニューボタン❶をクリックし、[新規線を追加]をクリックします❷。

4 下に追加された線の色の部分をクリックして、赤など任意の色を選択します❶。線の太さを2pxなど、上にある線より太くします❷。これで線が二重になります。

マテリアルデザイン風のボタン

Lesson 03 ▶ inquiry.ai

[アピアランス]パネルを活用できるようになると、複数のオブジェクト、たとえば長方形とテキストで制作したようなものも、1つのオブジェクトだけで制作できるようになります。テキストの文字数が変化したときにも長方形の大きさが自動で変化するため便利です。

文字列にアピアランスで塗りを追加する

1 [文字]ツールを選択して、[文字]パネルでフォントをゴシック体で太字にし❶、フォントサイズを24pxにします❷。[段落]パネルで[中央に整列]を選択❸、アートボードをクリックして「お問い合わせ」と入力します。

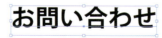

3-4　Webデザインで使える［アピアランス］

2. ［アピアランス］パネル右上のパネルメニューボタン❶をクリックし、パネルメニューから［新規塗りを追加］を選択します❷。

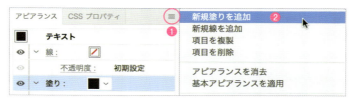

3. ［アピアランス］パネル内に追加された［塗り］を［文字］より下（背面）になるようにドラッグします。

4. 追加した［塗り］の色をクリックして、ここでは赤（#FF1744）に変更します。

5. ［効果］メニューから［形状に変換］→［角丸長方形］を選択します。［形状オプション］ダイアログボックスで［値を追加］を選択して❶、［幅に追加：18px］❷、［高さに追加：8px］❸、［角丸の半径：2px］❹に設定します。［OK］をクリックすると、文字列のサイズに対して指定した幅と高さが追加された赤い角丸長方形が背面に表示されます。

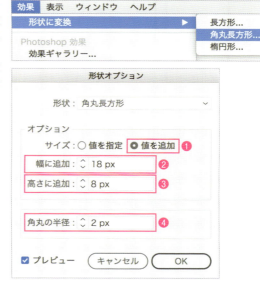

6. 文字列をトリプルクリック（3回連続クリック）で選択し、ツールバーで［塗り］を白（#FFFFFF）に変更します。

049

角丸長方形の位置を調整する

文字列の位置がボタンの垂直中央よりやや上の位置になっているので、さらにアピアランスで［塗り］を少し上に移動します。

1. ［効果］メニューの［パスの変形］→［変形］を選択し、［変形効果］で［移動］の［垂直方向：-3px］に設定します。

2. ［アピアランス］パネル内のアピアランスの順序をドラッグで変更し、［変形］は［塗り］の中に入れます。

ドロップシャドウを設定する

最後に薄くドロップシャドウをつけてボタンらしく見せます。

1. ［効果］メニューから［スタイライズ］→［ドロップシャドウ］を選択します。［描画モード］を［通常］にして❶、［不透明度：30%］、［X軸オフセット：0px］、［Y軸オフセット：2px］、［ぼかし：2px］に設定します❷。［カラー］は黒（#000000）です❸。

2. 最終的に以下のようになります。このデータを保存しておけば、これをコピー＆ペーストして文字を打ち替えたり塗りの色を変更するだけで、さまざまなマテリアルデザインのボタンをつくれます。

3-5 SVGの最適な書き出しと配信設定

SVGは、Illustratorで制作する図形のようなベクトルグラフィック形式の一種です。そのためベクトルグラフィックを制作する際に一般的に気をつけなければいけないことは、SVGにも当てはまります。

やったほうがよいこと

 Lesson 03 ▶ anchor_point.ai、loupe.ai、toilet.ai

曲線のアンカーポイントを減らす

ブラシツールで描いた曲線などは、そのままではアンカーポイントがかなり多くなってしまうことがあります。アンカーポイントが多すぎるとファイルサイズも大きくなるので、Illustratorの機能を使用して簡単に減らしましょう。

[選択]ツールなどでオブジェクトを選択し、[オブジェクト]メニューから[パス]→[単純化]を選択し、[単純化]ダイアログボックスで[曲線の精度]を下げます。

元の曲線 → 単純化後の曲線

CHECK! 曲線の変形に注意

[曲線の精度]を下げるほどファイルサイズを小さくすることができますが、曲線の形も元と異なる形になってしまうので気をつけましょう。

パスを合体する

たくさんの図形をグループ化している場合、複数の図形を選択してパスファインダーで1つに合体してみましょう。ファイルサイズが小さくなる場合があります。

持ち手部分と円形部分の合体前（435バイト）→ 持ち手部分と円形部分の合体後（346バイト）

CHECK! [複合シェイプ]がおすすめ

多くは option (Alt)キーを押しながら[合体]ボタンをクリックして[複合シェイプ]（3-1参照）にしたほうがサイズが小さくなります。複合シェイプは再編集もしやすいためおすすめです。

051

Lesson 03 　Illustratorでアイコンやロゴマークなどのパーツを制作しよう

CHECK! 合体後は全体にカラーが適用される

パスファインダーで合体した場合、色はオブジェクト全体にしか指定できないので注意しましょう。

合体前は個別に色を指定できる → 合体後は個別に色を指定できない

やらないほうがよいこと

長方形のコード量を減らすには長方形のままで

Illustratorの操作に慣れている人なら、長方形の代わりに［線］ツールで線を描いて太さを100pxにするとか、セグメントを1本減らして3本のセグメントと塗りで長方形に見えるようにすれば、より軽量化できるのではと考えるかもしれませんが、多くの場合これは逆効果になります。長方形は普通に長方形で制作するのがよいでしょう。ほかにも、以下のことはやらないほうがよいことです。

- 写真を含むオブジェクトをSVGで書き出す：ファイルサイズがむだに大きくなりすぎます。
- 大量にアンカーポイントがある：ファイルサイズが大きくなりすぎたり、ブラウザの表示が遅くなる場合があります。上述のパスの［単純化］をしてもファイルサイズが大きい場合は、SVG以外のファイル形式を検討しましょう。
- 高度な［アピアランス］による効果の適用：分割されたりラスタライズされる場合があります。ファイルサイズが大きくなったり、意図しない表示結果になる可能性があります。
- ［ドロップシャドウ］や［ぼかし］のような効果をかける：表示されなかったり、効果がラスタライズされてSVGファイルの容量が大きくなることがあります。

たくさんのSVGを快適に表示させるためのサーバー設定

前述したとおりSVGファイルの中身はテキストですので、PNGやJPEGなどのバイナリデータと比較するとむだにファイルサイズが大きいといえます。サーバー側で圧縮されていれば転送速度を改善することができます。モダンなサーバーであればSVGに対して自動でgzip圧縮がかかるはずです。

SVGファイルがgzip圧縮されているか確認する

利用しているサーバーでSVGがgzipで圧縮されているか確認するには、Webページ（URLがfileではなくhttpやhttpsから始まるもの）をGoogle Chromeで表示し、以下のように操作します。

SVG圧縮について CHECK!

IllustratorではSVGを圧縮した［SVG圧縮（.svgz）］という形式でも保存できますが、これを使用するよりもSVGのままサーバーに転送し、サーバー側でgzip圧縮しておくことをおすすめします。

1. ⌘ + option + I （Windowsは F12 ）キーを押して、ブラウザの下側に開発者ツールを表示します。

3-5　SVGの最適な書き出しと配信設定

2　[Network] タブをクリックし、F5キーまたは⌘+Rキーを押して、ファイルの一覧のようなものが表示されることを確認します。

3　[Filter] に「.svg」と入力し、SVGファイルのみに絞り込みます。

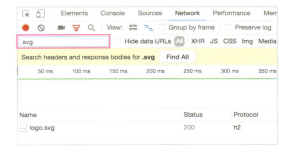

4　表示されたSVGファイルの一覧の中からどれか1つをクリックし❶、[Headers] タブをクリックします❷。

5　[Response Headers] 内に「Content-Encoding: gzip」という行があることを確認します。これがない場合は、サーバー側でgzip圧縮されていない可能性があります。

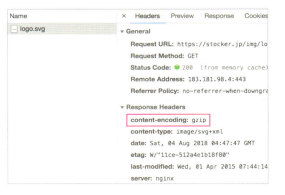

サーバー設定の変更をするには　CHECK!

gzip圧縮されていないことが確認された場合、サーバーの設定を変更できないか調べてみましょう。サーバー管理者に「.htaccessファイルに以下の設定を追加したい」と連絡してもよいかもしれません。

AddOutputFilterByType DEFLATE image/svg+xml

053

読み込みの速いHTTP/2対応のサーバーを利用する

たとえばWebアプリケーションなどでは細かいアイコンがたくさん必要になることがあります。そのような場合、サーバー側で「HTTP/2を利用する」ことをおすすめします。現在多くのブラウザは「HTTP/2」という新しいプロトコルに対応しています。

HTTP/2ではたくさんの細かい画像があっても、読み込みの速度がほとんど遅くなりません。モダンなレンタルサーバーであれば、多くはHTTP/2に対応しています。たとえば、「ロリポップ！」や「さくらのレンタルサーバー」などはすでに対応しています。

WebページのコンテンツがHTTP/2で配信されているか確認する

Webページで、URLが「file」や「http」ではなく「https」から始まるもの（一般的にhttpの場合はHTTP/2でない場合が多い）をGoogle Chromeで表示し、以下のようにします。

1 ⌘+option+I（WindowsはF12）キーを押して開発者ツールを表示します。
［Network］タブをクリックし、F5キーまたは⌘+Rキーを押し、
ファイルの一覧のようなものが表示されることを確認します。

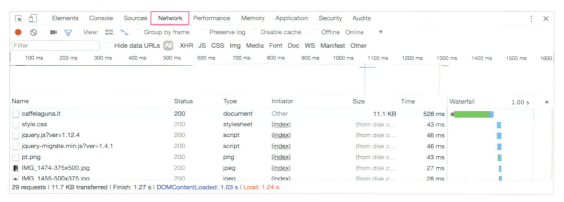

2 見出しの［Name］部分を右クリックして❶［Protocol］を選択すると❷、［Protocol］という列が表示されます。

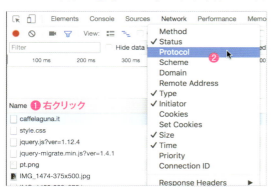

3 サイト内のHTML・CSS・画像などの［Protocol］の列が［h2］または［http/2］のように表示されているかを確認します。［http/1.1］と表示された場合はHTTP/2で配信されていません。

3-6 アイコンを制作してみよう

アピアランスを使用して、Webでよく見るアイコンを制作してみましょう。
[アピアランス] パネルを使用すれば、
一度設定した値をあとで変更することもできるので便利です。

YouTubeのような再生ボタンをつくる  Lesson 03 ▶ tube.ai

見慣れたYouTubeのような再生ボタンのようなアイコンを制作してみましょう。

1 [角丸長方形] ツールを選択して [塗り] を #D32F2F、[線] をなしにします。

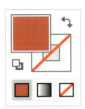

2 アートボード上でクリックし、角丸長方形を作成します。[幅：50px]、[高さ：40px] と入力します❶。[角丸の半径：3px] にします❷。

3 [効果] メニューの [ワープ] → [膨張] を選択し、[カーブ] の値を24%にします。

4 [オブジェクト] メニューの [アピアランスを分割] を選択します。膨張された輪郭がパスに変換されます。

055

Lesson 03　Illustratorでアイコンやロゴマークなどのパーツを制作しよう

5　[多角形]ツールを選択し、アートボード上でクリックして[半径]を11px❶、[辺の数]を3❷で Return (Enter)キーを押します。

三角形が膨らんで見える場合　CHECK!

[アピアランス]パネルで[ワープ:膨張]が適用されていないか確認し、左にある目のアイコンをクリックしてオフにします。

6　[回転]ツールをダブルクリックして、[角度:-90]と入力し、 Return (Enter) キーを押します。

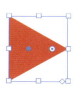

7　[選択]ツールをクリックし、三角形をドラッグして角丸長方形の中央に配置します。[プロパティ]パネルまたは[変形]パネルで、[H]の値を24に変更して縦長にし、 Return (Enter) キーを押します。

8　角丸長方形と三角形を[選択]ツールで両方選択し、[パスファインダー]パネルのボタンの中で左上から2つ目の[前面オブジェクトで型抜き]を option (Alt) を押しながらクリックすると完成です。

Googleフォト風の風車アイコンをつくる

　　　　　　　　　　Lesson 03 ▶ windmill.ai

1　ツールバーで[塗り:なし]、[線:黒]にしておきます。[長方形]ツールを選択してアートボード上でクリックし、[幅]を50px、[高さ]97pxにして[OK]をクリックします。

2　[ダイレクト選択]ツール（白矢印）を選びます。長方形の右上のアンカーポイントを選択し、下方向に50pxドラッグします。

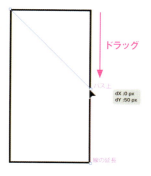

056

3-6 アイコンを制作してみよう

3 ［ダイレクト選択］ツールで長方形の左下のアンカーポイントを選択します。角丸を決めるコーナーウィジェットを右上方向に20pxドラッグします。

4 同様に［ダイレクト選択］ツールで長方形の左上のアンカーポイントを選択します。コーナーウィジェットを右下方向に3px程度ドラッグします。

5 ［効果］メニューの［パスの変形］→［変形］を選択し、［プレビュー］にチェックを入れてから❶、［移動］内の［水平方向：-80px］、［垂直方向：30px］❷、［角度：90°］❸、［コピー：4］❹にします。

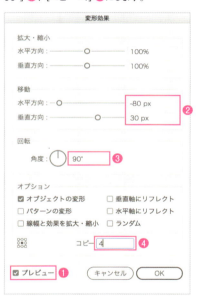

6 Shift＋Xキーを押して［塗りと線を入れ替え］を実行して、［塗り：黒］、［線：なし］にすれば完成です。

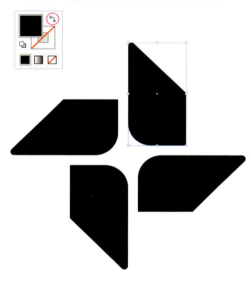

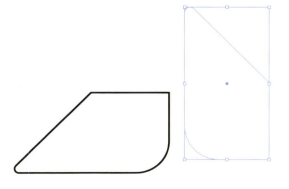

CHECK! パスの変形の効果

この風車は1つの図形を4つに複製しているため、もし1つの羽根の形や色を変更すると4つの羽根すべてに反映されます。

lesson03 — 練習問題

次のうち、SVG形式で書き出すのにもっとも適した画像はどれでしょうか？
1. 写真
2. アンカーポイントが少ない、シンプルなアイコン
3. アンカーポイントが多い、複雑なイラスト
4. ラスターグラフィック

❷が適しています。❸もSVGとして書き出すことは可能ですが、PNGやJPEGなどと比較してファイルサイズが大きくなったり、表示するときにスマートフォンやPCに負担がかかる場合があります。❶〜❸に関しては、3-5「SVGの最適な書き出しと配信設定」でも解説しています。

❹の「ラスターグラフィック」とは、Photoshopで編集する写真や、拡大表示すると荒く見える画像のようなピクセルの集合でできた画像のことで「ビットマップ画像」とも呼ばれます。ラスターグラフィックは、JPEGやPNG形式で書き出すことをおすすめします。

Lesson 03 ▶ q2.ai

Illustratorで図のようなアイコンを再編集しやすい方法で作成してみましょう。幅200px、高さ200pxの正方形1つと、幅140px、高さ140pxの正円1つの組み合わせで、［変形効果］と［複合シェイプ］を利用して表現します。

Before → **After**

❶［長方形］ツールを選び、アートボード内でクリックして［幅：200px］、［高さ：200px］と入力して[Return]（[Enter]）キーを押し、正方形を作成します。
❷［効果］メニューの［パスの変形］→［変形］を選択し、［角度］に45°、［コピー］に1と入力して、［プレビュー］にチェックします。もう1つの長方形が45度回転し重なって表示されたら［OK］をクリックします。
❸［楕円形］ツールを選び、アートボード内でクリックして［幅：140px］、［高さ：140px］と入力して[Return]（[Enter]）キーを押し、正円を作成します。
❹［選択］ツールを選び、制作した2つの図形を選択して［整列］パネルの［水平方向中央に整列］［垂直方向中央に整列］をクリックして整列します。
❺［パスファインダー］パネルの［前面オブジェクトで型抜き］を[option]（[Alt]）キーを押しながらクリックすると完成です。

Photoshopで写真の編集をしよう

An easy-to-understand guide to web design

Lesson 04

色補正・ゴミの除去・シャープなど、Photoshopではさまざまな編集ができます。編集作業の一番のポイントは元画像を保護しつつ、やり直しを可能にすることです。ここでは、スマートオブジェクト、調整レイヤー、スマートフィルターを利用して、再編集が何度でもできる方法について解説します。

Lesson 04　Photoshopで写真の編集をしよう

4-1 スマートオブジェクトを利用する

スマートオブジェクトは元画像のデータを保護して編集できます。
画像の編集を始める前にスマートオブジェクトに変換しておけば、
やり直しや再調整が何度でも可能です。
あとから変更が入りそうなときは積極的に利用しましょう。

レイヤーをスマートオブジェクトに変換する

スマートオブジェクトは、画像を保護するカバーのようなものです。レイヤーにまるごとカバーをかけておき、中味に直接触れずにカバーに効果を加えて画像を変えるので、元のデータを傷つけることがありません。ここではJPEG画像を開いてスマートオブジェクトにしてみましょう。

> **CHECK!**
> **ワークスペースは[写真]にする**
> このレッスンではワークスペースを[写真]にして操作しています。

1　「nagoya.jpg」をPhotoshopで開きます。[レイヤー]パネルで「背景」をクリックし、[レイヤー]メニューの[スマートオブジェクト]→[スマートオブジェクトに変換]を選択します。

2　レイヤーがスマートオブジェクトに変換されると、「背景」は「レイヤー0」に変わり、スマートオブジェクトアイコンが表示されます。

> **CHECK!**
> **コンテキストメニューから実行する**
> [レイヤー]パネルで「背景」の右側の空白部分を右クリックして、[スマートオブジェクトに変換]を実行することもできます。

3　PhotoshopのPSD形式で保存します。同様に「coffeecup.jpg」「gratin.jpg」を開いて「背景」レイヤーをスマートオブジェクトに変換してPSD形式で保存しましょう。

スマートオブジェクトを編集する

スマートオブジェクトは中味が保護され、拡大／縮小しても劣化しません。切り抜き後も元に戻せます。実際に操作して確認してみましょう。

縮小した写真を再び拡大する

1. 「nagoya.psd」を開きます。[移動]ツールを選択し❶、オプションバーの[バウンディングボックスを表示]にチェックします❷。右下のハンドルをドラッグしてスマートオブジェクトのサイズを縮小し❸、Return (Enter)キーで確定します。

2. 再びサイズを拡大します。一度縮小して拡大しても写真は劣化しません。確認したら保存せずにファイルを閉じます。

CHECK! スマートオブジェクトでない場合

「nagoya.jpg」で、「背景」の鍵アイコンをクリックして「レイヤー0」に変換してから、同じように拡大／縮小すると写真が劣化します。試してみてください。確認したら保存せずに閉じます。

切り抜きした写真を元に戻す

1. 「coffeecup.psd」を開きます。[切り抜き]ツールを選択し❶、オプションバーの[切り抜いたピクセルを削除]にチェックした状態で❷、画像をドラッグして任意に切り抜きます。

2. [イメージ]メニューの[すべての領域を表示]を実行すると元に戻ります。通常のレイヤーでは切り取られた部分は削除されてしまい[すべての領域を表示]は選択できません。確認したら保存せずにファイルを閉じます。

元画像を開いて編集する

スマートオブジェクトにしたレイヤーは元画像を別に保持しています。恒久的に編集してよいものは、元画像を編集することもできます。スマートオブジェクトの中味はPSBファイル（「レイヤー名.psb」）でPSDファイル内に保持されており、次のように操作するとPhotoshopで開いて編集ができます。

1 「gratin.psd」を開きます。［レイヤー］パネルで「レイヤー0」を選択し、［レイヤー］メニューの［スマートオブジェクト］→［コンテンツを編集］を選びます。または「レイヤー0」のスマートオブジェクトアイコンをダブルクリックします。

CHECK!
初回実行時のダイアログ

［コンテンツを編集］を実行すると「コンテンツの編集後に、ファイル／保存を選択して変更を確定します。変更したコンテンツは「gratin.psd」に戻ると反映します。」というダイアログが表示されます。［再表示しない］にチェックした状態で［OK］をクリックします。

2 「レイヤー0.psb」が別のタブで開きます❶。これは、埋め込まれているスマートオブジェクトの元ファイルです。「背景」レイヤーをクリックし、［スポット修復ブラシ］ツールを選択して❷、図のように2カ所のお皿の縁の汚れを消します❸。

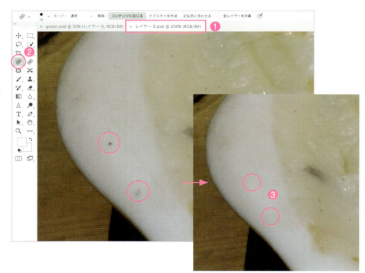

3 「レイヤー0.psb」を保存して閉じます。「gratin.psd」に戻るとお皿の汚れが修正されています。「gratin.psd」も保存して閉じます。

COLUMN
PSBファイルの書き出し・差し替え

スマートオブジェクトの元になるPSBファイルは、［レイヤー］メニューの［スマートオブジェクト］→［コンテンツを書き出し］で別ファイルとして書き出したり、［レイヤー］メニューの［スマートオブジェクト］→［コンテンツを置き換え］で別ファイルと差し替えたりできます。

スマートオブジェクトの解除

スマートオブジェクトを解除するには、レイヤーを選択して［レイヤー］メニューの［スマートオブジェクト］→［ラスタライズ］を選びます。ラスタライズすると、そこまでの編集は確定されますので、元に戻すことはできなくなります。

4-2 調整レイヤーを指定する

スマートオブジェクトと同様に、元のレイヤーに影響を与えず
やり直しができる編集の方法として調整レイヤーがあります。
調整レイヤーを使った色調補正は、適用範囲や強さもあとから変更ができます。

調整レイヤーで明暗やコントラストを調整する　Lesson04 ▶ 4-2

調整レイヤーは写真の色調を補正する値を指定した特殊なレイヤーです。調整レイヤーの効果は下層のすべてのレイヤーにかかりますが、レイヤーをグループにすることで特定のレイヤーだけに適用することもできます。[レベル補正][トーンカーブ][色相・彩度]など16種類があり、[色調補正]パネルから選べます。作成した調整レイヤーは[属性]パネルで何度でも再調整でき、調整レイヤーを消すと補正も削除されます。元の画像を保ったまま、さまざまな色補正が試せて便利です。
ここでは[レベル補正]を用いて色調を補正し、写真を明るくシャープに調整してみましょう。

1 4-1の「coffeecup.psd」を開きます。[属性]パネル❶と[色調補正]パネル❷を表示しておきます。開いていない場合は[ウィンドウ]メニューから選択してチェックをつけると表示されます。

2 [色調補正]パネルで[レベル補正]をクリックすると❶、[レイヤー]パネルに「レベル補正1」調整レイヤーが作成されます❷。

3 [属性]パネルのヒストグラムの下にある3つスライダーを動かして[シャドウ:10][中間色:1.3][ハイライト:225]に調整します。

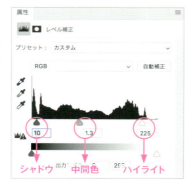

CHECK! 調整レイヤーの作成方法

[レイヤー]メニューの[新規調整レイヤー]→[レベル補正]を選ぶか、[レイヤー]パネル下部の[塗りつぶしまたは調整レイヤーを新規作成]ボタンをクリックして選ぶこともできます。

Lesson 04 Photoshopで写真の編集をしよう

4 写真が明るく・シャープに補正されました。[レイヤー]パネルで「レベル補正1」レイヤーの目のアイコン ① をクリックして非表示にすると加工前・後の状態が確認できます。

COLUMN

補正のポイント

[レベル補正]では、シャドウ・中間色・ハイライトのポイントを操作して階調を補正します。今回は、中間色の操作で全体を明るくし、シャドウ（影）とハイライト（照らされて明るい所）を増やしてコントラストを高くし、シャープに補正しました。

調整レイヤーを特定の領域にのみ有効にする

レイヤーマスクを使って、写真の一部分に対して調整レイヤーを有効にし、色味を補正します。

1 「coffeecup.psd」で「レイヤー0」レイヤーを選択します。

クイックマスクモードで編集 CHECK!

ワークスペースが[グラフィックとWeb]のときはアイコンが表示されません。[写真]にして操作してください。

2 ツールバーの[クイックマスクモードで編集]をクリックし ①、クイックマスクモードに切り替えます。[ブラシ]ツール ② や[消しゴム]ツール ③ を使って、クッキーの部分を図のように半透明の赤で塗りつぶします。

3 ② の ① と同じ位置のボタン[画像描画モードで編集] ① をクリックすると、画像描画モードに戻ります。クイックマスクモードで赤く塗りつぶした部分以外が選択範囲になっています。[選択範囲]メニューの[選択範囲を反転]を選ぶと、選択範囲が反転してクッキー部分が選択されます。

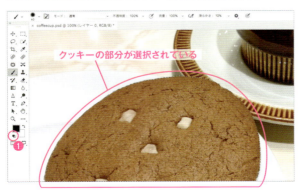

選択範囲を反転 CHECK!

⌘ + Shift + I （Ctrl + Shift + I）キーでも[選択範囲を反転]が実行できます。

4 [色調]パネルで[特定色域の選択]をクリックし、特定色域の選択の調整レイヤーを新規作成します。

4-2 調整レイヤーを指定する

5 [特定色域の選択1]調整レイヤーが作成されました。調整レイヤーのレイヤーマスクサムネールが、選択していたクッキー部分を残して黒く塗りつぶされています。調整レイヤーの効果は黒い部分にはかからず、白い部分にだけ有効となります。

6 [属性]パネルで[カラー:レッド系]を選択し❶、各スライダーを動かして[イエロー:－50]❷[ブラック:＋100]❸に調整します。

CHECK!
レイヤーマスクを削除するには
レイヤーマスクを消してすべてを有効範囲にするには、[レイヤー]メニューの[レイヤーマスク]→[削除]を実行します。

7 選択していた部分だけが補正され、クッキーの色がチョコレートっぽく焦げ茶になりました。

COLUMN
補正のポイント
[特定色域の選択]では、カラーで選んだ色味を持つ領域を補正します。今回はレッド系を選び、イエロー（黄色）を減らしたので赤が濃くなります。さらにブラック（黒色）を増やしたので、薄い黄色が濃い茶色に（赤味が強まり暗く）加工されました。

調整レイヤーを特定のレイヤーのみに有効にする

上に重ねたクッキーのレイヤーだけを明るく補正するには、クッキーのレイヤーと調整レイヤーをグループにまとめ、グループレイヤーの描画モードを「通常」にします。

1 「coffeecup.psd」で「レベル補正1」レイヤーを選択しておきます。「cookie.psd」を同時に開いて、[ウィンドウ]メニューの[アレンジ]→[ウィンドウを分離]で、タブではなく別ウィンドウで表示します❶。[移動]ツールを選んで❷、「cookie.psd」の写真を「coffeecup.psd」のウィンドウへドラッグ＆ドロップします❸。「coffeecup.psd」に「レイヤー1」として追加されたら❹、「cookie.psd」は閉じます。

2 「レイヤー1」（追加したクッキー）を「レイヤー0」の画像に元からあるクッキーに重なるように、少し左下へずらして配置します。

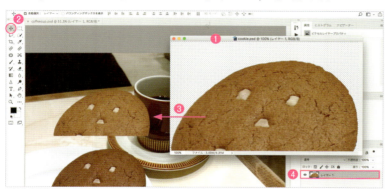

065

4-2 調整レイヤーを指定する

3 「レイヤー1」を「レベル補正1」調整レイヤーの下へ移動します。「レベル補正1」調整レイヤーの効果で、明るく補正されます。

4 「レイヤー1」❶を選び、[色調補正]パネルで[特定色域の選択]❷をクリックします。「レイヤー1」の上に「特定色域の選択2」調整レイヤー❸が作成されます。

5 「レイヤー1」のクッキーの色味を淡い色に変更します。[属性]パネルで[カラー：レッド系]を選び❶、各スライダーを動かして[イエロー：＋30]❷[ブラック：−30]❸に調整します。

COLUMN
補正のポイント

レッド系のイエロー（黄色）を増やし、ブラック（黒色）を減らした結果、クッキーの色合いは明るく、黄みが強調されました。

調整レイヤーを対象レイヤーとグループにする

追加した「特定色域の選択2」調整レイヤーは、下層レイヤーすべてに影響を与えるため、いまは画面全体を補正しています。「レイヤー1」のみを補正するため、2つのレイヤーをグループ化します。

1 [レイヤー]パネルで、⌘（Ctrl）キーを押しながら「特定色域の選択2」調整レイヤーと「レイヤー1」をクリックして同時に選びます❶。[レイヤー]パネルの[新規グループを作成]ボタンをクリックします❷。

2 選択したレイヤーを含み、「グループ1」グループレイヤーが作成されます❶。その「グループ1」を選択し、レイヤーの[描画モード]を[通常]に変更します❷。

3 同じグループ内にある「レイヤー1」だけが、「特定色域の選択2」調整レイヤーの効果を受けて淡い色に変更されます。「coffeecup.psd」を保存して閉じます。

CHECK!
グループの描画モードで効果を限定する

グループの描画モードは、初期設定が[通過]になっていて、グループ内の描画モードがグループの外へも影響しています。[通常]にすることで、グループ内のみに調整レイヤーの効果が限定されます。

4-3 外部ファイルやAdobe Stockを読み込む

画像ファイルやAdobe Stock（ストックフォト）データを読み込むときに、リンクされたスマートオブジェクトとして配置すれば、オリジナルデータと編集作業を連動できます。リンク配置で、素材の管理を円滑に進めましょう。

外部ファイルをリンク配置する

Lesson 04 ▶ 4-3

リンク配置では、同じファイルを複数配置しても、1つ分のデータ量しか増えないため、ファイル容量を小さく保てます。PSDファイルをリンク配置して、読み込んだ写真素材をクリッピングマスクで切り抜いてみましょう。

ファイルをリンク配置してクリッピングマスクで切り抜く

1 「topimg.psd」を開きます。[移動]ツールで、中央上の大きな長方形❶をクリックします。[レイヤー]パネルで「carousel-item2」レイヤー❷が選択されました。

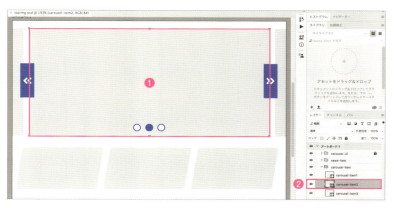

2 [ファイル]メニューの[リンクを配置]を実行し、「coffeecup.psd」を選んで配置します。サイズを調整して Return （ Enter ）キーで確定します。「carousel-item2」レイヤーの上に「coffeecup」レイヤーが配置され、リンクされたスマートオブジェクトになっています。

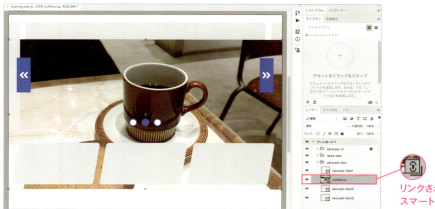

リンクされたスマートオブジェクト

3 ［レイヤー］パネルで、「coffeecup」レイヤーと「carousel-item2」レイヤーの境目を option （ Alt ）キー❶を押しながらクリックします。クリッピングマスクが作成され❷、「coffeecup」レイヤーの写真が「carousel-item2」レイヤーの長方形で切り抜かれます。

CHECK! メニューから実行する

切り抜くレイヤーを選び、［レイヤー］メニューの［クリッピングマスクを作成］を実行することもできます。

4 ［移動］ツールを選び❶、オプションバーの［バウンディングボックスを表示］をチェックしたまま、配置した画像の位置を自由に調整します。

CHECK! 比率を保ったままサイズを変更する

比率を保ってサイズ変更するには、 Shift キーを押しながらバウンディングボックスを操作します。

5 同様の操作で、下に3つ並ぶ角丸平行四辺形のうち中央の「news-item2」レイヤーを選択し❶、その上に同じ「coffeecup.psd」をリンクされたスマートオブジェクトとして配置します。「news-item2」レイヤーに対してクリッピングマスクにして❷、画像を切り抜きます。サイズを縮小して調整します。

6 クリッピングマスクにした「coffeecup」と「carousel-item2」の2つのレイヤー❶を ⌘ （ Ctrl ）キーを押しながらクリックして同時に選択します。［レイヤーをリンク］ボタン❷をクリックしてレイヤーをリンクします。

7 同様に「coffeecup」と「news-item2」の2つのレイヤーを同時に選択し、［レイヤーをリンク］ボタンをクリックしてリンクします❶。

CHECK! クリッピングマスク後はリンクしよう

クリッピングマスクを指定したレイヤーをリンクすると、移動してもマスクの位置がずれません。

4-3 外部ファイルやAdobe Stockを読み込む

リンク元のファイルを開いて編集する

リンクされたスマートオブジェクトは、読み込んだ画像ファイルとつながります。
編集するときは、外部の元ファイルが開かれます。
元ファイルを編集して保存すると、リンクされたスマートオブジェクトも連動して更新されます。

1 読み込んだ写真のどちらでもよいのでクリックして「coffeecup」レイヤーを選びます❶。
［レイヤー］メニューの［スマートオブジェクト］→［コンテンツを編集］を選びます❷。

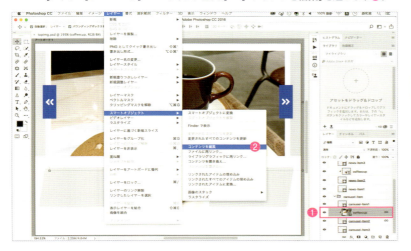

CHECK!
**アイコンの
ダブルクリックで
編集する**

「coffeecup」レイヤーのリンクされたスマートオブジェクトアイコンをダブルクリックしても、［コンテンツを編集］を実行できます。

2 「coffeecup.psd」が別のタブで開きます❶。これは読み込んだオリジナルファイルです。［レイヤー］パネルで「グループ1」内の「特定色域の選択2」レイヤーを選び❷、［属性］パネルで各スライダーを動かし色を変えてみましょう。［マゼンダ：＋100］❸、［イエロー：－100］❹に調整すると、左側クッキーの色の赤みが強調されます。

3 「coffeecup.psd」を保存して閉じます。「topimg.psd」に戻ると、「coffeecup.psd」を読み込んだ2カ所ともクッキーの色が赤くなり、リンクが更新されていることがわかります。

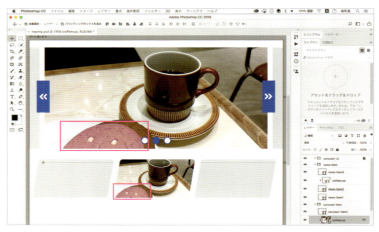

Lesson 04 Photoshopで写真の編集をしよう

Adobe Stockで素材を探して配置する

ストックフォトサービスのAdobe Stock（https://stock.adobe.com）は、[CCライブラリ]パネルから素材を探したり、ダウンロードしたりできます。低解像度の透かし入り画像を気軽に試せるので、デザイン検討中の仮データに利用できます。そのまま本番データとして使う場合は、Adobe IDで購入できます。うまく活用し、素材の選択肢を広げましょう。

[CCライブラリ]パネルでストックフォトを探して配置する

1　「carousel-UI」グループレイヤーの鍵アイコンをクリックしてロックを解除します❶。グループ内の「carousel-indicators」レイヤーを選びます❷。

2　[ウィンドウ]メニューの[CCライブラリ]を選び、[CCライブラリ]パネルを表示します。検索欄の右側の ˅ ❶をクリックしたメニューから[Adobe Stock]を選び、「Adobe Stockを検索」と表示されたら「131499766」を入力して検索すると❷、「Flag papers red and blue hanging on the rope.」のイラストが表示されます。マウスポインターを合わせて[プレビューをマイライブラリに保存]アイコンをクリックします❸。

CHECK!

ライブラリの名前

今回は、デフォルトで登録済みの「マイライブラリ」に保存しました。ライブラリ名の右の[˅]を押してプルダウンメニューから[新規ライブラリ]を選択すると新規ライブラリを作成して保存することができます。

Adobe Stock画像の検索

[CCライブラリ]パネルでの画像検索は適当なキーワードでもできます。

初回実行時のダイアログ

アートボードにドラッグすると「このアクションで、初期設定でCreative Cloud Librariesに再びリンクされるスマートオブジェクトを作成します。」というダイアログが表示されるので、[OK]ボタンをクリックします。Creative Cloud Librariesとは、Adobeのサーバーに保存された共有ライブラリのことです（詳しくはLesson06を参照）。

3　プレビュー画像がダウンロードされたら、[CCライブラリ]パネルからアートボードにドラッグして配置します。

4　画像を図のような場所・サイズで配置します❶。[レイヤー]パネルに「Flag papers red and blue hanging on the rope.」レイヤーが追加されました。レイヤーサムネールには、Creative Cloudライブラリにリンクされたスマートオブジェクトアイコンが表示されています❷。

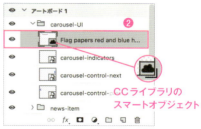

CCライブラリのスマートオブジェクト

070

レイヤーマスクで背景を切り抜く

1. 「Flag papers red and blue hanging on the rope.」レイヤーを選択して❶、ツールバーの［自動選択］ツール❷でロープの上側の白い部分をクリックして選択範囲にします❸。続けて Shift キー＋クリックでロープの下側の白い部分を選択範囲に追加し❹、レイヤーの白い部分をすべて選択範囲にします。ツールバーの［クイックマスクモードで編集］に切り替えて［消しゴム］ツールで右下の番号❺部分の赤色を消して選択範囲に追加します（4-2参照）。

2. ［レイヤー］メニューの［レイヤーマスク］→［選択範囲をマスク］を実行すると、選択範囲をマスクするレイヤーマスクが作成されて、旗とロープだけが切り抜かれて表示されます。

ストックフォトを購入する

プレビュー画像には透かし模様やファイル番号が表示されています。
検討中の仮データとして使用できますが、本番データとして利用するならライセンスを取得する必要があります。

1. ［CCライブラリ］パネルの画像アイコンを右クリックし❶、［画像のライセンスを取得］を選びます❷。

2. ダイアログボックスに「Adobe Stock 画像のライセンスを取得」と表示されますので、［OK］ボタンをクリックします。

3. ライセンスが取得されるとチェックアイコンが表示され❶、透かし模様が消えます❷。「topimg.psd」を保存して閉じます。

COLUMN

リンクされたスマートオブジェクトの操作

リンクされたスマートオブジェクトでは、オリジナルファイルの場所や名前が変わるとリンクが切れます。修復するには、［レイヤー］メニューの［スマートオブジェクト］→［ファイルに再リンク］（Adobe Stockの画像は［ライブラリグラフィックに再リンク］）を実行します。なお、オリジナルを埋め込むときは、［レイヤー］メニューの［スマートオブジェクト］→［リンクされたアイテムの埋め込み］を実行します。

Lesson 04　Photoshopで写真の編集をしよう

4-4 スマートフィルターで写真を補正する

スマートオブジェクトに対してフィルターをかけると、
元のレイヤーに影響を与えないスマートフィルターとして適用されます。
スマートフィルター使った補正は、あとから設定を変更できます。

Camera RAWフィルターで色調を補正する　　Lesson 04 ▶ 4-4

Camera RAWフィルターは色調を補正するフィルターです。もともとプロが撮影で用いるRAWデータを補正する機能だったため、フォトグラファーになじみのある補正の項目が並んでいます。調整レイヤーと異なり、ひとつのレイヤーのみを対象に補正する場合に使います。

Camera RAWフィルターの起動と作業の準備

1　「gratin.psd」を開きます。4-1でスマートオブジェクトに変換した「レイヤー0」レイヤーを選び❶、[フィルター]メニューの[Camera RAWフィルター]を選択します❷。

2　[Camera Raw]ワークスペースが表示されます。補正の効果を確認しながら進められるように補正前後の画像を並べて表示しましょう。[補正前と補正後のビューを切り替え]ボタン❶をクリックして、[補正前と補正後を左右に表示]に変更して、左に補正前、右に補正後の画像を表示します。[ズーム]ツール❷で拡大表示し、[手のひら]ツール❸でビューをドラッグし、写真の右側を表示します。[ヒストグラム]パネルの右上にある[ハイライトクリッピング警告]ボタン❹をクリックすると、露出オーバーで明るくなり過ぎて白とびを起こしている部分がプレビュー上で赤く表示されます❺。

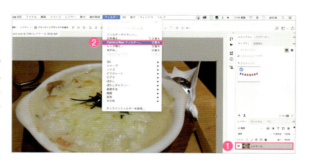

Camera RAWをスマートフィルターとして適用する

暗い印象の写真を明るく階調豊かに仕上げます。ワークスペース右側の[基本補正]パネルにある各項目のスライダーを操作して調整していきます。

1　写真を明るくするために[露光量:0.8]❶、[コントラスト:10]❷にします。ハイライトクリッピングの赤い表示❻が減るように[ハイライト:−20]❸にします。くすみを取り少し鮮やかにするため[彩度:10]❹にします。室内光の色かぶりがあるので[色温度:−3]❺にして黄色みを減らします。[ヒストグラム]は補正前に比べて階調全体に分布した状態になりました❼。これで[OK]ボタンをクリックします。

072

2 [レイヤー]パネルの「レイヤー0」レイヤーにスマートフィルターの[Camera RAWフィルター]が追加されます。目のアイコン❶をクリックして非表示にすると、フィルターをかける前後の違いが確認できます。スマートフィルター名❷をダブルクリックするとCamera RAWワークスペースが再び表示され、設定を変更できます。「gratin.psd」を保存して閉じます。

スマートシャープフィルターで輪郭を強調する

写真にシャープのフィルターをかけると、輪郭部分が太く強調されます。写真を縮小して画像がぼやけたときなどに写真をはっきりと補正する効果があります。シャープ補正は、原寸サイズにしてから効果をかけます。使用する大きさにリサイズしたデータに対して実行しましょう。

1 「topimg.psd」を開きます。ツールバーの[ズーム]ツール❶をダブルクリックし、100％で原寸大の表示をします。[移動]ツール❷で、4-3で読み込んだ大きいほうの写真をクリックし❸、「carousel-item」グループ内の「coffeecup」レイヤー❹を選びます。

2 [フィルター]メニューの[シャープ]→[スマートシャープ]を選び、[スマートシャープ]ダイアログボックスを表示します。ズームボタンの[＋]❶をクリックしてプレビューを200％に拡大し、細部を確認できるようにします。今回は、カップの模様やクッキーの表面を強調しすぎないようにゆるめに補正します。[量:150％]❷、[半径:0.8]❸にします。ノイズを抑えるために[ノイズ軽減:100％]❹にします。これで[OK]ボタンをクリックします。

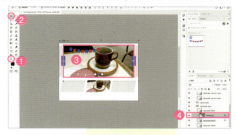

CHECK!
プレビューで効果を確認する

[プレビュー]にチェックをつけると、ワークスペース上の画像にもシャープの効果が反映されます。補正しすぎを防ぐために、補正前後を比べつつ作業を進めましょう。

スマートフィルターをコピーして設定を調整する

スマートフィルターを小さいほうの写真にもコピーして適用し、サイズに合わせて設定を調整します。

1 [レイヤー]パネルで「carousel-item」グループ内の「coffeecup」レイヤーについている「スマートシャープ」フィルター❶を[option]([Alt])キーを押しながらドラッグして、「news-item」グループ内の「coffeecup」レイヤーに重ねてドロップすると❷、フィルターがコピーされます❸。

2 小さい写真に同じスマートシャープの設定では効果が弱いので、少し強めに設定しなおします。「news-item」グループ内の「coffeecup」レイヤーについている「スマートシャープ」フィルターをダブルクリックします。[スマートシャープ]ダイアログボックスが開くので、[半径:1]❶、[ノイズ軽減:50％]❷に変更して[OK]ボタンをクリックします。「topimg.psd」を保存して閉じます。

Lesson 04　Photoshopで写真の編集をしよう

lesson04 ― 練習問題

写真「figs.jpg」をスマートオブジェクトに変換して
再調整できるようにレタッチしてみましょう。
調整レイヤーで［レベル補正］して明るくし（［中間色：1.3］、［ハイライト：240］）、
スマートフィルターで［アンシャープマスク］を実行します（［量：80］、［半径：1.3］、
［しきい値：10］）。スマートオブジェクトの元画像（PSBファイル）で
［スポット修復ブラシ］でいちじくの傷❶を消します。最後にPSD形式で保存します。

❶Photoshopで「figs.jpg」を開きます。「背景」レイヤーを選び、［レイヤー］メニューの［スマートオブジェクト］→［スマートオブジェクトに変換］を実行します。
❷スマートオブジェクトに変更した「レイヤー0」を選び、［色調補正］パネルで［レベル補正］をクリックします。
❸［属性］パネルのヒストグラムにある［中間色：1.3］、［ハイライト：240］に変更し、画面をはっきり明るくします。
❹「レイヤー0」を選び、［フィルター］メニューの［シャープ］→［アンシャープマスク］を実行します。
❺［アンシャープマスク］ダイアログボックスで［量：80］、［半径：1.3］、［しきい値：10］に変更し、輪郭部分を強調します。
❻「レイヤー0」を選び、［レイヤー］メニューの［スマートオブジェクト］→［コンテンツを編集］を実行します。または「レイヤー0」の［スマートオブジェクトサムネール］をダブルクリックします。
❼別のタブで開いた「レイヤー0.psb」のいちじくの傷部分❶を［スポット修復ブラシ］ツールでなぞって消し、「レイヤー0.psb」を保存して閉じます。
❽［ファイル］メニューの［保存］を実行し、ファイル名「figs.psd」で保存します。

Photoshopで写真・パーツ加工をしよう

An easy-to-understand guide to web design

Lesson 05

Webデザインでは、デザインに合わせて写真やパーツをつくり込むことが、最終的なデザインの印象を左右します。Lesson04では、写真を編集する方法を学びましたが、このレッスンではもう一歩進んで、デザインに合わせた写真のトリミングや加工、ボタンなどのパーツを、効率よく編集しやすい形で作成する方法を学びましょう。

Lesson 05 Photoshopで写真・パーツ加工をしよう

5-1 レイヤー効果でボタンをつくる

Webサイトでは必須ともいえるパーツの「ボタン」は、
シェイプでつくるのが簡単で変更も容易です。
さらにレイヤー効果を使いこなせばさまざまな表現をプラスでき、
スタイルのコピー&ペーストで、同じ体裁のボタンをすぐにつくることができます。

境界線でつくるシンプルなボタン

Lesson 05 ▶ 5-1 ▶ 5-1-1.psd

レイヤー効果は、レイヤーに擬似的に効果をプラスする機能です。元のレイヤーには影響を与えず、カラーオーバーレイやグラデーションオーバーレイで色や見た目を変えたり、シャドウや境界線をつけることができます。設定を再調整したり、ひとつひとつの機能を非表示にできるので、バランスを調整しながらデザインを作成できます。
ここではシェイプに、レイヤー効果の[境界線]を使ってシンプルなボタンをつくります。

1　「5-1-1.psd」を開くと、緑のシンプルなボタンが用意されています。シェイプを選択すると、[横:300px]❶、[高さ:60px]❷、[塗り:#65D861]❸、[線:なし]❹、[丸角:6px]❺に設定されています。

2　[長方形1]レイヤーを選択し、[レイヤー]パネル下の[レイヤースタイルを追加](fx)ボタンを押して[境界線]を選択します❶。

3　[レイヤースタイル]設定ウィンドウが開きますので、[サイズ:2px]❶、[位置:内側]❷、[描画モード:通常]❸、[不透明度:100%]❹、[塗りつぶしタイプ:カラー]❺、[カラー:#15B500]❻とし、Return(Enter)キーを押します。

076

シャドウ（内側）を使ったフラットボタン

続いて、シェイプに［カラーオーバーレイ］で背景色をつけて、［シャドウ（内側）］でフラットデザインにもなじむ少し立体感のあるボタンをつくります。

1 ［長方形1］レイヤーを選択し、［レイヤー］パネル下の［レイヤースタイルを追加］(fx)ボタンを押して［カラーオーバーレイ］を選択します❶。

2 ［レイヤースタイル］設定ウィンドウが開きますので、［カラーオーバーレイ］の［描画モード：通常］❶、［カラー：#15B500］❷、［不透明度：100％］❸にします。これでボタンに色がつきました。左のメニューから［境界線］のチェックは外しておきます。

3 立体感のためにシャドウを追加します。左側のメニューから［シャドウ（内側）］を選択し、［描画モード：乗算］❶、［カラー：#000000］❷、［不透明度：20％］❸、［角度：－90°］❹、［距離：4px］❺、［チョーク：0］❻、［サイズ：0］❼とします。［角度］右の［包括光源を使用］はチェックを外して❽、Return (Enter) キーを押します。フラットデザインにもなじむ、さりげない影ができました。

CHECK！ 包括光源とは

ファイル内で光源を統一するかどうかを選べます。チェックすると［シャドウ（内側）］や［ドロップシャドウ］など光や影の効果の［角度］が統一されます。本来のシャドウとして使う場合は自然に見えますが、今回のようにボタンなどのパーツにレイヤー効果を使用する場合、ほかの設定に合わせて角度が変わってしまわないようにチェックを外しておきましょう。

Lesson 05 Photoshopで写真・パーツ加工をしよう

グラデーションなどを多用したリッチなボタン

ランディングページなどでおなじみ、ぷっくりリッチなボタンをつくります。Photoshopに用意された［スタイル］には、グラデーションボタンのスタイルも用意されています。これを利用して、カスタマイズしてみましょう。

1 ［長方形1］レイヤーを選択し、［属性］パネルでボタンの角丸を10pxにします❶。［ウィンドウ］メニューから［スタイル］パネルを表示します。パネルメニュー❷の中に［Webスタイル］がありますので、選択します❸。表示されるダイアログボックスで［追加］をします。

2 一覧から［紫のゲル］❶を選んで適用します。スタイルが変更されて、紫のボタンになりました。［レイヤー］パネルを見ると、いくつもの［レイヤー効果］が重なってできていることがわかります。すべての効果のカラーを変更していくのは大変です。今回はすばやく色を変更します。

3 ［レイヤー］パネル下の［塗りつぶしまたは調整レイヤーを新規作成］ボタンから［色相・彩度］を選択します❶。［属性］パネルで、［色相］を左に動かしていくと、緑に変化していきます。［色相：−180］のところで止めます❷。これで紫が緑になりました。

4 ［レイヤー］パネルで効果の［シャドウ（内側）］をダブルクリックします❶。［角度］が90°になっていますので、−90°に変更します❷。光が下方向からの影になりました。シャドウが強すぎる、パターンを変えたい、という場合はレイヤー効果を少しずつ調整して完成です。

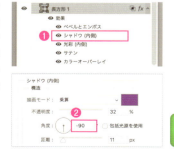

078

5-1 レイヤー効果でボタンをつくる

COLUMN
何かと使える[スタイル]

[スタイル]パネルのスタイルは、シェイプやテキストに適用できます。レイヤー効果の組み合わせでできていますので、イメージに近いものを選び、調整して使うと素早く目的のスタイルがつくれます。レイヤー効果の勉強にもなります。

スタイルをコピー&ペーストでデザインを統一する

Lesson05 ▶ 5-1 ▶ 5-1-5.psd

レイヤー効果でボタンをつくるメリットは、スタイルをほかのシェイプにすぐコピー&ペーストできる点です。プレーンなシェイプに、スタイルをコピー&ペーストしてみましょう。

1 上の緑のボタンは「カラーオーバーレイ」と「シャドウ(内側)」を使って作られています。これを下のグレーのボタンにスタイルをコピー&ペーストします。上の緑のシェイプを選択し、[レイヤー]メニューの[レイヤースタイル]→[レイヤースタイルをコピー]を選択します❶。

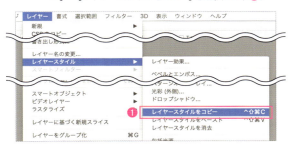

2 下のグレーのシェイプを選択し、[レイヤー]メニューから[レイヤースタイル]→[レイヤースタイルをペースト]を選択します❶。コピー元と同じスタイルになりました。

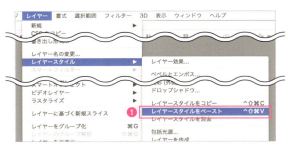

COLUMN
スタイルのコピー&ペーストと CCライブラリの使い分け

CCライブラリに登録するのは手軽ですが、一度登録したスタイルを再編集することはできないため、全体のバランスを見て編集する必要があるときなどはこちらの方法が便利です。

Lesson 05　Photoshopで写真・パーツ加工をしよう

5-2 ブラシを使った効果

Photoshopにはさまざまな質感のブラシが用意されています。
細かく調整したり、好きな形を追加して多様な表現ができます。
マウスでは扱いにくい印象もありますが、
パスを使えば思い通りにブラシの線を引くことができます。

ブラシを調節して新規ブラシに登録してみよう Lesson 05 ▶ 5-2

Photoshopのブラシは線に見えますが、実はスタンプのように「1つの形を連続させる」ことで線に見せています。
その「形」や「連続させる間隔」は［ブラシ設定］で追加したり、詳細に設定できます。
既存のブラシを調節して使用する方法、ブラシを登録して新規ブラシをつくる方法を学びましょう。

ブラシを調節しよう

［ハード円ブラシ］は、間隔の狭い円の連続でできています。
これを元に調節して、ランダムに散るカラフルなドットのブラシにしてみましょう。

1 ［ウィンドウ］メニューの［ブラシ］を選択して［ブラシ］パネルを表示します。［汎用ブラシ］フォルダーにある［ハード円ブラシ］を選択し❶、［直径］は20pxにしておきます❷。

2 ［ウィンドウ］メニューの［ブラシ設定］を選択して［ブラシ設定］パネルを開きます。左側のメニューから［ブラシ先端のシェイプ］❶を選択します。［間隔］にチェックを入れて❷、バーを右に動かすと、円の間の間隔が広がり、線は円の集合であったことがわかります。［間隔］は200%と入力します❸。

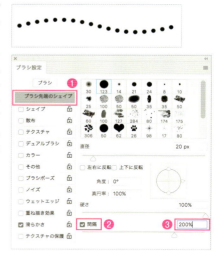

3 左側のメニューから［散布］を選択します❶。ここでは円をランダムに散らす設定ができます。［散布］に350%と入力します❷。

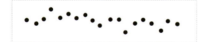

080

4 左側のメニューから［カラー］を選択します❶。ここでは円ひとつずつの色を変更する設定ができます。［描点ごとに運用］にチェックを入れて❷、［色相のジッター］に10%と入力します❸。これは円ひとつずつの色相を10%の中でランダムに変更するということです。

5 すべての設定が終わったら［ブラシ設定］パネルのメニューから［新規ブラシプリセット］を選択します❶。名前を「ランダムドット」として❷［OK］をクリックします。

6 ［描画色：#FFD800］にして❶、描画レイヤーに「ランダムドット」ブラシで描いてみましょう。#FFD800の黄色を基本に、赤っぽい、緑っぽい色が1つずつランダムに振られていきます。

ブラシを新規作成しよう

ブラシの元になる「形」は、新規登録することができます。
キラキラの星の形をつくり、サイズもランダムなキラキラブラシをつくってみましょう。

1 キラキラの星の形をつくります。新規カンバスを［幅：310px］、［高さ：310px］で作成します。［多角形］ツールを選択し❶、カンバスをクリックします。［多角形を作成］ダイアログボックスで、［幅：300px］❷、［高さ：300px］❸、［角数：8］❹、［星］にチェックを入れ❺、［辺のくぼみ：95%］にして❻［OK］をクリックします。わかりやすく［塗り］は#000000にしておきます。

2 8角のうち、4角を縮小します。［パス選択］ツール❶を選択し、45度の角度の4つの角をクリックします❷。

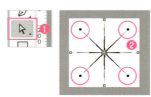

3 ［編集］メニューの［ポイントを自由変形］を選択し❶、オプションバーに［W：80%］、［H：80%］と入力して❷ Return （Enter）キーを押します。

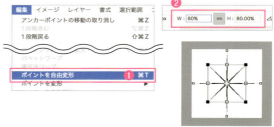

4 完成したら、ブラシに登録します。［編集］メニューの［ブラシを定義］❶を選択すると、［ブラシ名］設定パネルが開きます。名前を「キラキラ」と入力して❷［OK］をクリックします。

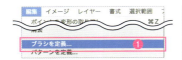
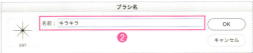

5 ブラシの設定をします。［ブラシ］パネルで、先ほど登録した「キラキラ」を選択します❶。［ブラシ設定］パネルで、左側のメニューから［ブラシ先端のシェイプ］を選択し❷、［直径：60px］❸、［間隔：50%］❹とします。これでブラシの間隔が空きました❺。

6 左側のメニューから［シェイプ］を選び❶、［サイズのジッター］を60%にします❷。これでランダムな大きさになりました❸。

7 左側のメニューから［散布］❶を選び、［散布］を900%にします❷。これでひとつずつのキラキラがランダムに配置されます❸。すべての設定が終わったら［ブラシ設定］パネルメニューから［新規ブラシプリセット］を選択します❹。名前を「ランダムキラキラ」と入力して❺［OK］をクリックします。

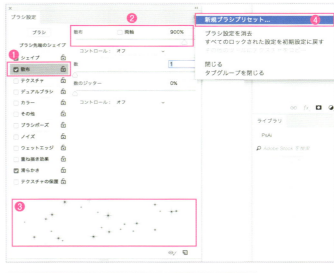

8　[描画色]を#FFFFFFにして、写真の上に「ランダムキラキラ」ブラシで書いてみましょう。

COLUMN

ブラシはかなり細かく設定できる

ここでは大きさやカラーのランダムな設定をしましたが、[ブラシ設定]はほかにもペンタブレットを利用して筆圧に応じた設定など、かなり細かな設定ができます。既存のブラシの設定を見てみると参考になります。

ブラシ設定は必ず保存する CHECK!

[ブラシ設定]を変更したのち、ほかのブラシに移動すると設定が消えてしまいます。保存する癖をつけるようにしましょう。

パスの線をブラシにしてみよう

フリーハンドのブラシで正確な線を引くのは少し難しいので、パスを使ってブラシを描く方法があります。ブラシなのであとから再調整はできませんが、パスは残りますので、やり直しが効きます。

1　長方形のシェイプをつくり、そのパスを使ってブラシを描いてみましょう。まずは長方形をつくります。[長方形]ツールを選択し、#000000の長方形のシェイプをつくります。

2　ウィンドウメニューから[パス]パネルを開きます。いまつくったシェイプのパスが「長方形1シェイプパス」と表示されています❶。このままではパスとして使用できないので、パスのサムネイルをダブルクリックします。[パスを保存]というウィンドウが開きますので、[パス名]に「長方形ブラシ」❷と入力して[OK]をクリックします。

3　ブラシを設定します。今回はギザギザとした印象にしたいので、[ブラシ]パネルから[ドライメディアブラシ]フォルダーにある[KYLE究極の鉛筆（木炭）]❶を選択し、[直径：25px]❷にします。[描画色]を長方形と合わせて、#000000にしておきましょう。

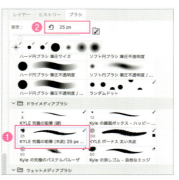

4　ブラシを描くには、描画レイヤーが必要です。[レイヤー]パネルで新規レイヤーを作成して、[パス]パネルの「長方形ブラシ」を選択します。[パス]ウィンドウ下部の[ブラシでパスの境界線を書く]ボタンをクリックします❶。パスの線に沿ってブラシの線が描かれました❷。

ブラシサイズと硬さを簡単に変更しよう

ブラシまたは消しゴムの［直径］と［硬さ］は、［ブラシ］パネルを使わず変更することができます。
頻繁にブラシサイズを変えて、細かい作業をするときに便利です。
マウスを左右に動かすと［直径］を、上下に動かすと［硬さ］を、斜めに動かすと両方を一度に変更できます。

［直径］を変更する

［ブラシ］または［消しゴム］ツールを選択した状態で、アートボード上でMacはcontrol＋optionキーを押しながらドラッグ、Windowsは Alt キーを押しながら右ボタンでドラッグします。黒いチップヒントが現れ、右に動かすと［直径］のpx数が大きくなり❶、左に動かすと［直径］のpx数が小さくなります❷。

［硬さ］を変更する

同様の操作で、上に動かすと黒いボックスの［硬さ］は0％に近づき❸、下に動かすと［硬さ］は100％に近づきます❹。

ブラシでつくるシャドウとライティング

［レイヤー効果］の［ドロップシャドウ］は非常に便利ですが、のっぺりした印象になったり、
文字の可読性を考えるとシャドウが濃くなり重い印象になってしまうことがあります。
［描画モード］を［乗算］にして［ブラシ］ツールで影を描くことで、細かな表現ができワンポイントになります。

［乗算］でシャドウをつける

［長方形］ツールで長方形を描きます。わかりやすいように背景と同系色で少し明るい色にしています❶。新規レイヤーを作成し、長方形の背面に移動します。そこに初期設定の［ソフト円ブラシ］で［カラー］を#000000、［直径］を大きめに設定して、シャドウを描きます❷。コツは一度大きく描いて、［消しゴム］ツールを［ソフト円ブラシ］に設定し、不要な部分を消して理想の形に近づけていきます❸。形が整ったらレイヤーの［描画モード］を［乗算］にし、レイヤーの［不透明度］を調節して好きな濃度にします❹。

［スクリーン］で簡単ライティング効果

［描画モード］と［ブラシ］ツールで光の表現を加えることもできます。描いた長方形❶の前面に新規レイヤーを作成し、［描画モード］を［スクリーン］に設定します。そこに［ソフト円ブラシ］で［直径］を大きめにしてサッと光を描きます❷。レイヤーの［不透明度］を50％にして、レイヤーを右クリックして［クリッピングマスクを作成］を選ぶと長方形でマスクされます❸。ブラシの［カラー］は#FFFFFFが万能ですが、長方形と同じ色を使うと色味が合ってきれいに見えます❹。

5-3 加工としてのマスク

Lesson04でクリッピングマスクやレイヤーマスクが登場しました。写真を切り抜くマスクにひと工夫すると、デザインにニュアンスを加えることができます。写真を生かすトリミング、目を惹くポイントをつくる方法を学びましょう。

マスクの複数使いで、目を惹くトリミング

Lesson 05 ▶ 5-3 ▶ 5-3-1.psd

ベクトルマスクは、パスのくっきりした線でマスクできるため、形のはっきりしたものの切り抜きによく利用されます。ここでは2つのレイヤーをベクトルマスクで切り抜き、1枚の写真から奥行きのあるビジュアルをつくってみましょう。

1　「5-3-1.psd」を開きます。「手前」レイヤーを選択して［レイヤー］パネルの［新規レイヤー追加］にドラッグして複製します❶。複製したレイヤーをわかりやすく「背景」という名前に変更し、「手前」レイヤーの背面に移動します。

2　「背景」レイヤーを長方形にトリミングしましょう。［長方形］ツールを選択し、オプションバーで［ツールモード］は［パス］を選択します❶。ドラッグしてマカロンの下半分を覆うパスをつくります❷。［レイヤー］パネルで「背景」レイヤーを選択して❸、［レイヤーマスクを追加］ボタンを⌘（Ctrl）キーを押しながらクリックします❹。これでベクトルマスクが作成されました❺。「手前」レイヤーを一時的に非表示にすると❻、長方形の部分だけマカロンが見えます。

3　「手前」レイヤーを切り抜きます。［ペン］ツールを選択して、［オプションバー］でツールモードは［パス］を選択します。マカロン上半分の外周を、パスでなぞっていきます❶。最後にパスを閉じるときはoption（Alt）キーを押しながら閉じると、最初のアンカーポイントのハンドルに影響しません。

085

Lesson 05　Photoshopで写真・パーツ加工をしよう

4 ［レイヤー］パネルで「手前」レイヤーを選択して❶、下部の［レイヤーマスクを追加］ボタンを、⌘（Ctrl）キーを押しながらクリックします❷。背景レイヤーからマカロンの頭が飛び出したビジュアルが完成しました。

奥行きをつけるアレンジ

背景と手前の間に、影や光を入れたり、テキストや囲み罫を入れることで、より手前のモチーフが引き立ちます。試しに光とテキストを入れてみましょう。

1 「背景」レイヤーの上に、新規レイヤーを作成します。［描画色：#FFFFFF］に、［ブラシ］ツールを［ソフト円ブラシ］の250pxに設定し、マカロンの周りに光を描いていきます❶。

2 ［横書き文字］ツールで「Macaron」と入力します❶。ここではTypekitからダウンロードして［フォント：Bree Serif］、［サイズ：200px］、［カラー：#000000］に設定します。「手前」レイヤーの背面に配置すると❷、奥行きが出てマカロンがより際立つデザインになりました。

マスクの形を一工夫のアレンジ

背景のベクトルマスクの形は自由に変形できます。丸みを出してやさしい印象に変更してみましょう。

1 ［ペン］ツールを選択して、［レイヤー］パネルから「背景」の［ベクトルマスクサムネール］を選択すると、パスが表示されます❶。⌘（Ctrl）を押しながらパスをクリックするとアンカーポイントが表示されます❷。

086

5-3 加工としてのマスク

2 ツールバーの［ペン］ツールを長押しして［曲線ペン］ツールを選択します❶。option（Alt）キーを押しながら、左上のアンカーポイントをクリックすると、曲線に変更されます❷。同様に、残りの3つのアンカーポイントすべてを曲線に変更します。

3 位置を変更したり、ハンドルの長さを変更したりしながら形を整えましょう。

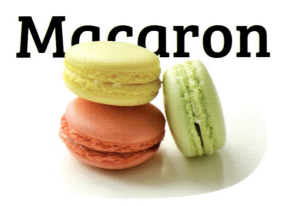

ブラシでニュアンスのあるトリミング

Lesson 05 ▶ 5-3 ▶ 5-3-2.psd

シャープなベクトルマスクに対して、レイヤーマスクはブラシの質感や濃淡を加えられ、マスクの表現が広がります。ブラシを使ってラフなニュアンスをプラスしましょう。

1 先ほどの「背景」のレイヤーマスクを削除しましょう。「背景」レイヤーの右側のベクトルマスクサムネールだけをクリックして❶、ドラッグして［レイヤー］パネル下部の［ゴミ箱］にドラッグして❷、マスクを削除します。

2 ［ブラシ］ツールを選択して、［ブラシ］パネルの［ドライメディアブラシ］から［Kyleの究極のパステルパルーザ］❶を選択し、［直径］を200px❷にします。あとでレイヤーは削除しますので、描画色はなんでもかまいません。

3 新規描画レイヤーを作成して、ブラシで塗りつぶして図のような楕円を描きます❶。一度で描ききらず、細かくブラシを置くとガサガサした線になります。

4 描き終えたら、レイヤーを非表示にします❶。レイヤーサムネールを⌘（Ctrl）を押しながらクリックすると❷、ブラシで描いた楕円の選択範囲がつくられます❸。

5 「背景」レイヤーを選択して❶、[レイヤー] パネル下の [レイヤーマスクを追加] ボタンをクリックします❷。「背景」にレイヤーマスクが追加されて❸切り抜かれます。

COLUMN

レイヤーマスクは白黒ブラシで調整しよう

先ほど描いたブラシのマスクはこのような白黒のレイヤーになっています。黒の部分が表示されず、白の部分が表示され、グレーは濃度に応じて表示されます。レイヤーマスクは、マスクをかけたままブラシで調節できるので、レイヤー右側の [レイヤーマスクサムネール] を選択して、実際の結果を見ながらブラシを白黒切り替えて調節しましょう。

テキストにマスクでステンシル風アレンジ

マスクはテキストにも適用できます。ブラシを使って、テキストをステンシル風に加工してみましょう。

1 ステンシル風のデザインには、ウェイトが太めのフォントが合います。ここではTypekitから「Bree Serif」をダウンロードして使用します。「Bree Serif SemiBold」❶で「STENCIL TEXT」と入力し、［サイズ：200px］❷、［カラー：#000000］❸とします。

2 ステンシルの継ぎ目の部分をマスクで抜いていきます。［レイヤー］パネルでテキストレイヤーを選択し❶、［レイヤー］パネル下部の［レイヤーマスクを追加］ボタンをクリックします。右側の［レイヤーマスクサムネール］をクリックして選択しておきます❷。

3 ［ブラシ］ツールを選択し、［汎用ブラシ］→［ハード円ブラシ］❶を選び、［直径：5px］❷、［描画色：#000000］に設定します。図のように継ぎ目にしたい部分をブラシで描くと、マスクされ表示されなくなります。修正したい時は、［描画色］を#FFFFFFに変更して書くか、［消しゴム］ツールを使用します。

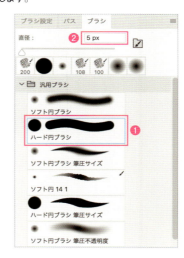

テクスチャやシャドウをプラス

［レイヤー効果］の［パターンオーバーレイ］で紙っぽいテクスチャを入れたり、［シャドウ（内側）］を使用すると、さまざまに雰囲気が出せます。

Lesson 05　Photoshopで写真・パーツ加工をしよう

クリッピングマスクで複数オブジェクトをマスク

Lesson 05 ▶ 5-3 ▶
5-3-6.psd

クリッピングマスクは複数のレイヤーをまとめてマスクできて、
マスクされたレイヤーそれぞれも変形や移動がしやすいので、調整しながら形を整えていくデザインにおすすめです。

1　「5-3-4.psd」を開きます。円のシェイプが3つと、テキスト、ベクトルマスクの写真があります❶。これをクリッピングマスクで長方形にマスクしてみましょう。

2　［長方形］ツールを選択して、クリックして［幅:660px］、［縦:300px］の長方形を作成します❶。わかりやすいようにレイヤー名を「mask」、［塗り］は＃000000にしておき、レイヤーを最背面に移動します❷。

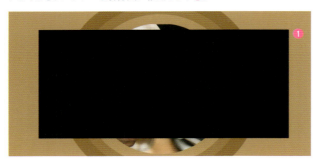
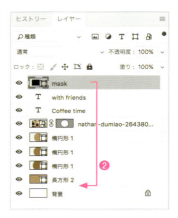

3　［レイヤー］パネルで、マスクしたいレイヤーを Shift キーを押しながらクリックし複数選択します❶。［レイヤー］メニューの［クリッピングマスクを作成］を選択します❷。先ほどつくった長方形の中に、すべてのレイヤーが収まりました。

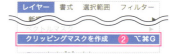

CHECK! ショートカットを覚えよう

クリッピングマスクはよく使う機能ですが、［レイヤー］パネルにボタンがありません。⌘＋option＋G（Ctrl＋Alt＋G）のショートカットを覚えておくと便利です。

090

4 3つの円のシェイプを、それぞれ位置を移動してみましょう。クリッピングマスクの場合、マスクされているそれぞれのレイヤーは独立しているため、調整や追加・削除がしやすいのがメリットです。

独立して動かせる

COLUMN 完成したらフォルダやスマートオブジェクトにまとめよう

クリッピングマスクは、調整や追加・削除がしやすい半面、レイヤーの重なり順によってマスクが外れたり、レイヤーが隠れてしまうことがあります。フォルダーにする、スマートオブジェクトにするなどしてまとめておきましょう。

テキストをクリッピングマスクにする

Lesson 05 ▶ 5-3 ▶ 5-3-7.psd

クリッピングマスクのマスクは、シェイプだけではありません。テキストをマスクにすることもできます。

1 テキストをマスクにする場合、マスク領域が多いほうが見える部分が多いので、ウェイトが太めで幅の狭いフォントを選びましょう。今回はTypekitから「Bree Serif ExtraBold」❶というフォントを利用します。「TEXT」と入力して、［トラッキング］を−100にして文字間を詰めておきます❷。サイズを画面いっぱいに拡大して、［レイヤー］パネルで最背面に移動しましょう。

2 ［レイヤー］パネルでマスクしたいレイヤーを複数選択し、⌘＋option＋G（Ctrl＋Alt＋G）キーで「TEXT」レイヤーにクリッピングマスクにします。写真とシェイプがテキストの形でマスクされました。

CHECK! マスクテキストは編集できる

マスクしたテキストは文字としての情報を保っていますので、［文字］パネルからフォントやサイズを変えたり、テキストを選択して変更することもできます。

テキストにクリッピングマスクで色をつける

ブラシで色分けした描画レイヤーを、テキストにクリッピングマスクして、2色で塗りわけたカラフルなテキストをつくってみましょう。

1 たのしい雰囲気のゴシックにするため、ここではTypekitの「りょうゴシックPlusN」を使います。[横書き文字]ツールで「たのしい小学校」と入力します。大きいほうが塗り分けやすいので、[サイズ]は100px前後にします。2色の塗り分けは[描画色]と[背景色]を使うのが便利です。[描画色：#1AC8FF]❶、[背景色：#FBE000]に❷設定しましょう。

2 [レイヤー]パネルで、テキストの上に描画レイヤーを新規作成して❶、⌘+option+G（Ctrl+Alt+G）キーでクリッピングマスクにします。[ブラシ]ツールの[ハード円ブラシ]で[直径]を調整し、テキストの色をつけたい部分を確認しながら、描画レイヤーに色をつけていきます。

3 残りを違う色で塗ります。先ほどのレイヤーの背面に新規レイヤーを追加し❶、テキストより少し大きめの範囲を[選択範囲]ツールで選択します❷。[編集]メニューの[塗りつぶし]❸を選択して、[塗りつぶし]ダイアログボックスの[内容]を[背景色]❹にして[OK]します。選択範囲が背景色の#FBE000で塗りつぶされ、テキストが2色に塗り分けられました。

COLUMN
塗りつぶしのショートカットを覚えよう

塗りつぶしはよく使うので、ショートカットを覚えましょう。[描画色で塗りつぶし]はoption+Delete（Alt+Delete）キー、[背景色で塗りつぶし]は⌘+Delete（Ctrl+Delete）キーです。

CHECK！ 色の調整には[色相・彩度]が便利

ブラシで塗った描画レイヤーはシェイプと違って[塗り]を簡単に変更はできませんが、調整レイヤーの[色相・彩度]❶で調整すると便利です。色相や彩度で色を調整し❷、こちらも忘れずにクリッピングマスク化しておきましょう。

5-4 テクスチャをプラスする

ここまでブラシの質感でアナログな風合いを出す方法は紹介しましたが、[塗り]が単色だとフラットな印象を拭えません。[パターンオーバーレイ]を使って、線や塗りにテクスチャの質感をプラスしてみましょう。

ボーダーにテクスチャをプラスしよう　　Lesson 05 ▶ 5-4 ▶ 05-04-01.psd

シェイプのボーダー（線）に[レイヤー効果]の[パターンオーバーレイ]で、かすれたニュアンスをつけてみましょう。シェイプのまま効果をつけるので、色の変更や再編集が容易です。

1 ボーダーにするシェイプを作成します。ここでは[長方形]ツールで長方形を描きます。オプションバーで[ツールモード]を[シェイプ]にして、[塗り:なし]、[線:2px]、[カラー:#000000]にします❶。

2 テクスチャをつけていきます。[レイヤー]パネルで「長方形1」レイヤーを選択して、下部の[レイヤースタイルを追加](fx)ボタンから[パターンオーバーレイ]を選択します。[レイヤースタイル]設定ウィンドウで、[描画モード:スクリーン]❶、[不透明度:100%]❷、[パターン:ジュート]（[アーティストのブラシのカンバス]パターン内）❸、[比率:40%]にして❹、Return（Enter）キーを押します。

3 「長方形1」レイヤーの[描画モード]を[スクリーン]にします❶。
ボーダーの黒い部分が透けて、白い部分がかすれた雰囲気のボーダーになりました。

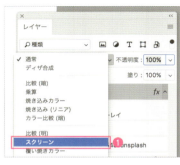

Lesson 05　Photoshopで写真・パーツ加工をしよう

4 シェイプのボーダーなので、あとから変更することができます、試しに実線から破線に変更してみましょう。［長方形］ツールなどシェイプツールの状態で、オプションバーの［線オプション］❶から破線を選択します❷。［詳細オプション］❸で破線の長さや間隔を変更できます❹。

CHECK!　線の設定をコピー＆ペーストするには

線の太さ、設定を他のシェイプにコピーするには、オプションバーの［線オプション］のピッカーメニューから［線の正確さをコピー］❶、［線の正確さをペースト］❷を実行します。シェイプのカラーやレイヤー効果はコピーされません。

シェイプや写真にパターンと色を追加しよう

Lesson 05 ▶ 5-4 ▶ 05-04-03.psd、05-04-04.psd

ドットやストライプなどのパターンのバリエーションがあると、背景やワンポイントなどさまざまに使えます。
ここでは、無償で配布されているPhotoshopのパターンを追加、適用してみましょう。

配布されているパターンを追加する

1 「WEBCRE8.jp」の素材ページ（http://webcre8.jp/create/photoshop-pixel-pattern.html）から、パターンファイルをzipでダウンロードします。解凍すると「.pat」という拡張子のファイルが3つ入っています。これがパターンファイルで、Photoshopに読み込ませて使います。

2 Photoshopに移ってパターンを追加します。作業用シェイプとして［長方形］ツールで適当な大きさの長方形を［塗り:黒］で描いてください。［レイヤー］パネル下部の［レイヤースタイルを追加］（fx）ボタンから［パターンオーバーレイ］を選択します。

3 ［レイヤースタイル］設定ウィンドウで［パターン］のサムネール右の ✓（クリックでパターンピッカーを開く）ボタンをクリックすると❶、パターンピッカーが開いて一覧が表示されます。右上の［歯車］ボタンをクリックして❷ピッカーメニューを表示し、［パターンの読み込み］を選択します❸。

094

4 読み込みファイルを選択するウィンドウが開きますので、さきほど展開した「.pat」ファイルを順に選択して❶[開く]をクリックします。サムネイルの一覧に、ドットやストライプなどのパターンが追加されました❷。3つのファイルすべてを読み込みます。

 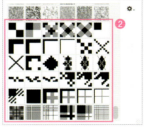

パターンの適用方法を調整する

パターンピッカーで任意のパターンを選択すると、長方形に反映されます。適用したパターンを移動させるには、アートボードの上をクリックしてドラッグします。[不透明度]でパターンの濃度を、[比率]で大きさを変更できます。

パターンのカラーを変更する

[カラーオーバーレイ]や[グラデーションオーバーレイ]を使って、このパターンに色をつけます。[レイヤー]パネル下部の[レイヤースタイルを追加](fx)ボタンから[カラーオーバーレイ]を選択し、[描画モード:スクリーン]❶、[カラー:#87CCFD]❷にします。パターンが水色になりました。

写真にパターンを適用する

[パターンオーバーレイ]は写真やテキストにも追加できます。写真のレイヤーを選んで、[レイヤー]パネル下部の[レイヤースタイルを追加](fx)ボタンから[パターンオーバーレイ]を選択します。[描画モード:スクリーン]にします。

COLUMN

パターンは[描画モード]でいろいろ遊べる

シェイプや写真にパターンを追加するときは[描画モード]と[不透明度]がポイントです。黒と白のパターンを使い分け、[描画モード]をいろいろと試して表現を探してみましょう。

Lesson 05　Photoshopで写真・パーツ加工をしよう

アナログ素材感のある
パターンを追加しよう

Lesson 05 ▶ 5-4 ▶ water.jpg、05-04-05.psd

［パターンオーバーレイ］に追加できるのは、繰り返しの小さなパターンだけではありません。
水彩の素材感のある写真素材を読み込めば、パターンとして適用できます。

パターンを登録する

1 パターンにしたい画像（ここでは「water.jpg」）をPhotoshopで開きます。サイズや色はなんでもかまいません。今回は質感のみ利用したいため、［イメージ］メニューの［色調補正］→［色相・彩度］で［彩度：－100］にして❶、白黒に変更しました。

2 ［編集］メニューの［パターンを定義］を選択すると❶、サムネールに写真が追加され、名前をつけることができます。仮に「water1」としましょう❷。これでパターンが登録されました。

COLUMN　フリー画像素材を利用する

アナログな素材は自分でつくるのは手間がかかります。商用利用も可能なWeb上のフリー素材を知っておくと便利でしょう。ここでは下記サイトの水彩の画像をパターンの元に利用しています。フリー素材をデザインに用いる場合は、権利上の問題が生じないように利用規約をよく確認してください。
「BEIZ Graphics」https://www.beiz.jp/

ブラシで境界のぼけた図形を描く

1 水彩らしいブラシで円を描いてみましょう。新規描画レイヤーを作成し、[ブラシ]パネルで[ウェットメディアブラシ]→[Kyleのインクボックス - 典型的なカトゥーニスト]を選択します❶。[カラー：#000000]、[直径：100px]に設定して❷、ぐるっと円を描きます。

2 ブラシで描いたレイヤーに色を追加します。[レイヤー]パネル下部の[レイヤースタイルを追加](fx)ボタンから[カラーオーバーレイ]を選択します。[描画モード：オーバーレイ]❶、[カラー：#41C4FB]❷、[不透明度：100％]❸に設定します。

COLUMN

アナログな質感や色合いも大事にしよう

今回は[カラーオーバーレイ]で色を変えられるように、パターンを白黒に変更して使用しました。しかし絵の具などアナログな質感と色をもつ素材は、一見単色に見えても豊かな色を持っています。色を変える必要がない場合には、グレーにせずそのままの色合いでパターンにしましょう。

3 そのまま[レイヤースタイル]設定ウィンドウで、パターンオーバーレイを追加します。左側のメニューから[パターンオーバーレイ]を選択します。[パターン]のサムネール右の∨（クリックでパターンピッカーを開く）ボタンで一覧を表示すると、一番下に先ほど追加した「water1」がありますので選択します❶。[描画モード：通常]❷、[不透明度：100％]❸、[比率：40％]❹に設定します。パターンの継ぎ目が見えるときには、アートボードの上をドラッグして自然に見える位置を探します。

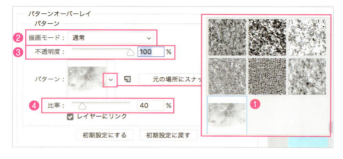

lesson05 — 練習問題

 左のPSDデータを、右のように加工してみましょう。
飛び出したパンの輪郭の切り抜きには「ベクトルマスク」を、
写真の影には「乗算レイヤーで作るシャドウ」を使います。
左上の丸いポップには、「シェイプのボーダー」でひと回り小さい破線を加え、
レイヤー効果の「パターンオーバーレイ」で素材感を与え、
「ドロップシャドウ」で影をつけます。

Before

After

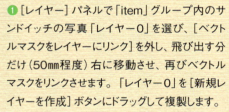

❶ [レイヤー] パネルで「item」グループ内のサンドイッチの写真「レイヤー0」を選び、[ベクトルマスクをレイヤーにリンク] を外し、飛び出す分だけ（50㎜程度）右に移動させ、再びベクトルマスクをリンクさせます。「レイヤー0」を [新規レイヤーを作成] ボタンにドラッグして複製します。
❷ 「レイヤー0のコピー」の [ベクトルマスクサムネール] を [レイヤー] パネル右下の [ゴミ箱] にドラッグして削除します。[ペン] ツールでパンの飛び出し部分を囲むパスをつくり、「レイヤー0のコピー」を選択して⌘（Ctrl）キーを押しながら [レイヤーマスクを追加] ボタンをクリックし、新たなベクトルマスクにします。
❸ パンの飛び出した右端部分にブラシでシャドウをつけます。新規「レイヤー1」を作成し、[描画モード] を [乗算] にします。[ブラシ] ツールを選び、[ソフト円ブラシ]、[直径:250px]、[カラー:#5b0202] にして、大きくシャドウを描きます。形は [消しゴム] ツールで整えます。描けたら「レイヤー0のコピー」レイヤーの下に移動します。同様に「レイヤー0」の角丸長方形の左下にもシャドウを描きます。
❹ 「pop」グループ内の緑の「楕円形1」を複製します。「楕円形1のコピー」を [編集] メニューの [自由変形] で90%に縮小し、[属性] パネルで [塗り:なし]、[線:#FFFFFF]、[線の幅:2px]、[線の種類:破線] に設定します。
❺ [レイヤー] パネルで「楕円形1」を選択し、[レイヤースタイルを追加] ボタンから [パターンオーバーレイ] を選択します。[描画モード:スクリーン]、[不透明度:10%]、[パターン:ジュート]、[比率:55%] に設定します。
❻ 続いて左側のメニューの [ドロップシャドウ] を選択してチェックし、[描画モード:乗算]、[カラー:#5b0202]、[不透明度:50%]、[角度:150°]、[距離:3px]、[サイズ:5px] に設定して [OK] します。

Creative Cloud
ライブラリへの
パーツの登録と活用

An easy-to-understand guide to web design

Lesson 06

Creative Cloudライブラリ（CCライブラリ）は、Webサイト制作で必要なさまざまな素材を管理します。PhotoshopやIllustratorなどの対応アプリで素材を連携利用したり、複数のCCユーザーで素材を共有して利用できます。ここでは、ビットマップやベクターデータ、文字スタイル、カラーなどの素材をCCライブラリを介してどのように利用するかを解説します。また、モバイルアプリCapture CCを用いて、撮影した写真から素材をつくり、CCライブラリへ登録する方法も紹介します。

Lesson 06 Creative Cloudライブラリへのパーツの登録と活用

6-1 Creative Cloudライブラリとは

Web制作のワークフローでは、データを複数のアプリで編集したり、複数人でやりとりをします。Creative Cloudライブラリ対応アプリでは、[CCライブラリ]パネルを通してデータ共有がスピーディにできます。

CCライブラリはクラウドにある「素材置き場」

対応のCCアプリでアセットの共有ができる

Creative Cloudライブラリ(以下CCライブラリ)とは、AdobeがCCユーザーに対して提供するクラウドの保存スペースで、いわばインターネット上の素材置き場です。対応アプリでは[CCライブラリ]パネルを通して素材をアセット(資産)として登録し、自由に取り出して利用できます。ビットマップ、ベクトル、文字スタイル、カラー、パターンなどのアセットが、CCライブラリでカテゴリごとに管理されています。アセットをリンク配置すると、ネットワークにつながっている限り修正した内容はすべてのリンク先に反映され、常に最新の状態に保たれます。

複数のCCユーザーで素材を共有できる

アセットの所有者がCCライブラリを共有すれば、複数人でクラウド上のアセットを共有して利用できます。CCのメンバーシップ(有償・無償)を持っている人であれば誰でも利用できます。共有にはメールアドレスで特定の人を招待する共同利用と、一般公開してリンクURLを伝える2つの方法があります。

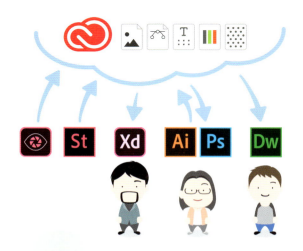

CHECK!
アプリケーションにより使える要素が多少異なることに注意

CCライブラリのすべてのカテゴリをすべてのアプリケーションで利用できるわけではありません。詳しい対応表は、巻末の付録266ページを参照してください。

CCライブラリに登録したアセットデータの管理

CCライブラリに登録したアセットデータは対応アプリの[CCライブラリ]パネルから管理できるほか、デスクトップアプリのAdobe Creative Cloudを起動して[アセット]❶→[ファイル]❷にある[Webで表示]ボタン❸をクリックし、起動するブラウザからAdobe Assetsサイトの[ライブラリ]❹にアクセスして管理できます。クラウドに保存できる容量は、CCの契約プランによって20GB～10TB(無償メンバーシップの場合は2GB)と異なります。

6-2 CCライブラリにパーツを追加する

Photoshop や Illustrator でつくったパーツを CC ライブラリに追加してみましょう。
ここでは、Web ページのカンプ用に、写真・サイトロゴ・タイトルの
文字スタイル・テーマカラーを登録しましょう。

Photoshop から CC ライブラリに登録する

Lesson 06 ▶ 6-2

対応の CC アプリでアセットの共有ができる

1 サンプルファイルの「jumbotronbg.psd」を Photoshop で開きます。[ウィンドウ]メニューで[CC ライブラリ]パネルを表示し、パネルメニュー❶から[新規ライブラリ]❷を選択します。

2 [新規ライブラリを作成]ダイアログボックスで「AIPSWeb デザイン」と入力し、[作成]をします。

CHECK! [CC ライブラリ]パネル

[ライブラリ]パネルは[CC ライブラリ]パネルと名称が変わりました。本書の画面では[ライブラリ]の表示になっていますが、ご了承ください。

用途に合わせて CC ライブラリを準備

プロジェクトごとなど、用途に合わせてライブラリを分けておくとパーツが管理しやすくなります。

写真を CC ライブラリに追加する

画像レイヤーを CC ライブラリに追加します。レイヤー名がそのまま追加したアセットの名前になります。

1 [レイヤー]パネルで「背景」をダブルクリックし❶、[新規レイヤー]ダイアログボックスの[レイヤー名]に「jumbotronbg」と入力します❷。

2 [CC ライブラリ]パネルで「AIPSWeb デザイン」ライブラリを選んだ状態で❶、[レイヤー]パネルから「jumbotronbg」レイヤー❷、を[CC ライブラリ]パネルへドラッグ❸して追加します。

Lesson 06 Creative CloudライブラリへのパーツのRegistrationと活用

3 同様に「nagoya.psd」「gratin.psd」を開き、「レイヤー0」レイヤーの名前をダブルクリックして、それぞれ「nagoya」「gratin」に変更してから[CCライブラリ]パネルにドラッグして追加します。

フィルターも含めて CCライブラリに追加する CHECK!

「gratin」レイヤーのスマートフィルターを含めてCCライブラリに追加する場合は、レイヤーをグループ化しておきます。

複数レイヤーをCCライブラリに追加する

複数レイヤーをCCライブラリに追加するには、グループ化しておきます。

1 サンプルファイルの「coffeecup.psd」を開きます。[レイヤー]パネルで⌘（Ctrl）キーを押しながらすべてのレイヤーをクリックして選び、[レイヤー]メニューの[レイヤーをグループ化]を選択します。作成されたレイヤーグループの名前をダブルクリックして「coffeecup」に変更します。

2 「coffeecup」グループレイヤーを[CCライブラリ]パネルにドラッグして追加します。ここまで開いたすべてのファイルを保存せずに閉じます。

IllustratorからCCライブラリに登録する

Illustratorで作ったオブジェクトを作成したCCライブラリに登録します。オブジェクト名がそのまま追加したアセットの名前になります。

ベクトルデータのロゴを追加する

1 「AiComp.ai」をIllustratorで開きます。[CCライブラリ]パネルアイコン❶をクリックしてパネルを展開し、「AIPSWebデザイン」ライブラリを選びます❷。先にPhotoshopから登録した写真が表示されます。

2 左上の「r360studio」ロゴ❶（[レイヤー]パネルで「Navbar」グループ内の「r360studio」❷）を選びます。選択されたロゴを[CCライブラリ]パネルにドラッグ❸してCCライブラリに追加します。

文字スタイルを CCライブラリに追加する

文字スタイルをアセットに登録します。[CCライブラリ]パネルの[コンテンツを追加]ボタンを使うと、選んだ対象から追加するアセットの種類を選ぶことができます。

1 左上のテキスト「Hello,world!」❶（[レイヤー]パネルで「Jumbotron」グループ内の「Hello,world!」❷）を選びます。

6-2 CCライブラリにパーツを追加する

2 [CCライブラリ]パネル下部の[コンテンツを追加]ボタンをクリックします❶。[文字スタイル]だけにチェックし❷、あとの項目のチェックをすべて外して[追加]❸をクリックします。

3 [CCライブラリ]パネルに登録された文字スタイルをダブルクリックし、アセット名を「helloworld」に変更します。

テーマカラーを作成してCCライブラリに追加する

1 [ウィンドウ]メニューの[Adobe Colorテーマ]を選びパネルを表示します。[ホイール]を選んで[ベースカラー]をクリックし❶、ホイール上のベースカラーの先端❷をドラッグで操作して、基準色を選びます。ホイールの外周が色相❸、中心から外が彩度❹、下のバーで明度❺を調整します。

2 ここではベースカラーに彩度の強い蛍光の黄色を選びました❶。[カラールール]ボタンをクリックし❷、[コンパウンド]を選びます❸。

CHECK!
コンパウンドとは
色彩ルールのコンパウンド（対照色相）は、基準色から少しずれた類似色・補色が選ばれます。

3 基準の黄色❶を元に、少しずれた類似色の緑色❷と補色の青色❸が2つずつ選ばれました。テーマ名に「YellowContrast」と入力し❹[保存]します。[ライブラリに保存]ダイアログボックスが表示されたら、保存先のライブラリに「AIPSWebデザイン」を選び❺、保存します。

4 [CCライブラリ]パネルの右上[項目をリストで表示]ボタンをクリックし、ここまでに追加したアセットを確認しましょう。最後に「AiComp.ai」を保存せずに閉じます。

Lesson 06　Creative Cloudライブラリへのパーツの登録と活用

6-3 Capture CCを使ってパーツをつくる

Adobe Capture CC（キャプチャ）は、写真を撮ってすぐ加工し、グラフィック素材を手軽につくるモバイルアプリです。特徴や用途について確認し、Webデザインで実際に使う素材をつくってみましょう。

Capture CCとは Lesson 06 ▶ 6-3

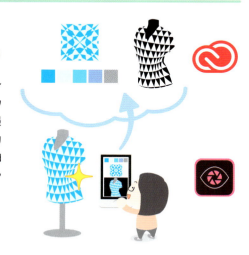

Adobeの提供するモバイルアプリCapture CCは、スマートフォンやタブレットのカメラで取り込んだ画像をもとに、シェイプ・文字・カラー・パターンなどの素材を作るアプリです。身の回りにある物を撮影して加工し、その場ですぐに素材を生み出せる縁の下の力持ち的なツールです。Capture CCで生成した素材は、Creative Cloudライブラリにアセットとして追加されるので、簡単にPhotoshopやIllustratorに取り込んで利用することができます。

Capture CCのインストール

Capture CCは、iOS（10.0以降）とAndriod（5.0以降）に対応したスマートフォン、タブレットで動作します。Capture CCのサイト（https://www.adobe.com/jp/products/capture.html）で概要を確認して、App StoreまたはGoogle Playからインストールしてください。アプリは無料ですが、利用にはCCメンバーシップが必要です。初回の起動時にAdobe IDでログインしてください。

Capture CCで作成できるアセットの種類

Capture CCで作成できるCreative Cloudライブラリのアセットは、次の6種類です。作成したアセットはすべてCCライブラリ内の選択したライブラリに保存されます。

- [シェイプ] 写真をIllustratorでつくるパス（ベクトルデータ）に変換します。白黒2値に変換するので、色数の少ない線画のような写真が向いています。
- [文字] 写真から文字の形を抽出し、それに似たTypekitフォントを検索して文字スタイルをつくります。白黒2値に変換してから形を抽出するため、色数の少ない線画のような写真が向いています。
- [カラー] 写真から色を抽出して5色のカラーテーマをつくります。
- [マテリアル] 写真からAdobe Dimensionでつくる3Dデザインのマテリアル（質感）をつくります。
- [パターン] 写真から万華鏡のように加工されたつなぎ目のない模様をつくります。
- [ブラシ] 写真の一部を使ってカスタムブラシをつくります。

CHECK!

Adobe Dimension CCとは

Dimension（https://www.adobe.com/jp/products/dimension.html）とは、2Dと3Dを簡単な操作で合成できる3Dツールです。パッケージデザインなどに用いられています。

シェイプをキャプチャする

撮影した写真を白黒2値にし、輪郭をシェイプ（パス）に変換します。ここでは紙に黒いインクで押したスタンプを被写体にしています。輪郭線のはっきりしたコントラストの高い被写体が向いています。

1 Capture CCを起動したら、Adobe IDでログインします❶。

2 アセットを追加するCCライブラリに、6-2で作成した「AIPSWebデザイン」を選びます❶。［シェイプ］メニューをタップし❷、［カメラ］ボタンをタップします❸。

3 カメラを被写体に向けると、白黒2値で輪郭線がトレースされた画像が表示されます。［アウトラインと塗り］をタップすると❶白黒が反転します。輪郭がはっきりと表示されるほうを選びます（今回は反転しません）。［画像からディテールの追加と除去］スライダー❷は、左に動かすと白い部分が増え、右に動かすと黒い部分が増えます。今回はやや右に調整しました。［キャプチャ］ボタン❸をタップします。

4 カメラの画像からパス（黒い部分）が生成され、［編集］の［調整］画面に移動します。不要な部分は［パスを削除］❶で消し、足りない部分は［パスを追加］❷で補ってパスを調整します。ここでは［パスを削除］をタップし、不要な部分❸を指でなぞって削除しました。もう一度同じボタンをタップすると元のモードへ戻ります。

5 ［切り抜き］❶をタップします。四隅のハンドル❷をドラッグして、切り抜く範囲を指定します。［角度］❸を左右にドラッグして角度を調整し傾きを補正します。

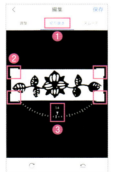

CHECK！ 調整する画面の拡大／縮小
2本指で画面をピンチイン／ピンチアウトして、画面の表示倍率を変更できます。

CHECK！ ［保存］の名称が異なっている場合
使用するスマートフォンの機種により右上の［保存］が［完了］や［→］と表示されていることがありますが、操作は同じです。

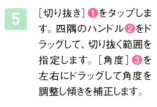

Lesson 06　Creative Cloudライブラリへのパーツの登録と活用

6 ［スムーズ］❶をタップします。［オン］を選ぶと輪郭線がなめらかになりますが、今回は細い線がつぶれてしまうので［オフ］にしました❷。右上の［保存］をタップします❸。

7 シェイプの名前をタップして入力します❶。ここでは「StampFlower」と入力し、［保存］ボタンをタップします❷。

8 ［シェイプ］に今回作成したアセット「StampFlower」が保存されました。

> **CHECK!**
> **アセットの名称変更について**
> 使用するスマートフォンの機種によって手順 **7** が表示されないときは、手順 **8** で登録されたアセット右下の［…］ボタンをタップし［名前を変更］からアセット名を変更できます。

文字をキャプチャする

撮影した写真の文字の形を認識し、Typekitに登録されているフォントから、類似のフォントを探します。また、フォントサイズや文字送りなどの情報も認識します。

1 Capture CCで［文字］メニューをタップして選び❶、［カメラ］ボタン❷をタップします。

2 カメラを被写体に向けるとテキスト部分が自動認識されます。ここでは2箇所がテキストとして認識されました。

> **CHECK!**
> **テキストの認識に失敗したら**
> テキストが認識されないと「テキストが見つかりません…」とメッセージが表れ認識が中断します。「×」ボタンをタップするともう一度自動認識が始まります。

3 認識された部分から1つを選んでタップします。必要であれば、四隅のハンドル❶を操作して範囲を調整します。［✓］ボタン❷をタップします。

4 画像からTypekitフォントの候補がいくつかピックアップされます。一覧をスクロールして、類似と判断したフォントをタップします。選んだフォントには、チェックマークが表示されます❶。右上の［保存］❷をタップします。

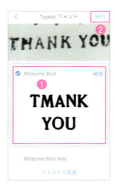

> **CHECK!**
> **文字スタイルの変更**
> 選択したフォントの右上の［編集］をタップすると、フォントサイズ、種類、行送り、字送りなどの文字スタイル項目を変更できます。

5 文字の名前をタップして入力します❶。今回は「StampText」と入力し、[保存]ボタン❷をタップします。

6 [文字]に今回作成したアセット「StampText」が保存されました。

カラーテーマをキャプチャする

撮影した写真の色を認識し、特徴的なカラーを5色選びます。
つくったカラーテーマは、CCライブラリに保存されます。

1 Capture CCで[カラー]メニューをタップして選び❶、[カメラ]ボタン❷をタップします。

2 カメラを被写体に向けると、自動的に色が選ばれ5つの○印が表示されます❶。画面をタップして映像を停止したのち、○印を指でドラッグすると色を選び直せます。カラーテーマの5色❷をすべて指定したら[✓]ボタン❸をタップします。

CHECK!
色の自動認識に失敗した場合

「×」ボタンをタップすると、もう一度色の自動認識が始まります。

3 [編集]の[スウォッチ]画面❶に移動します。今回は最初に選ばれている色❷を基準色にし、ほかの4色のトーンを合わせます。左下のカラーモデルをタップして[HSB]を選びます❸。現在の基準色の[S](彩度)❹と[B](明度)❺の数値を確認します。

4 変更する色❶を選び、S(彩度)❷とB(明度)❸を手順[3]で確認した基準色の数字に合わせて変更します。

CHECK!
HSBカラーモデルとは

HSBカラーモデルは、色相(Hue)、彩度(Saturation)、明度(Brightness)で色を表します。彩度と明度の数値が同じ色は、トーン(調子)が等しく受ける印象が似かよいます。異なる色相でも、同一トーンの組み合わせは色のなじみがよくなります。

Lesson 06　Creative Cloudライブラリへのパーツの登録と活用

5　最後の色❶まで、5色のS（彩度）とB（明度）の数値をすべて合わせたら、右上の［保存］❷をタップします。

6　カラーの名前❶をタップし、今回は「KanazawaDarkColor」と入力します。［公開先］のスイッチをオフにし❷、［保存］ボタン❸をタップします。

7　［カラー］に今回作成したアセット「KanazawaDarkColor」が保存されました。

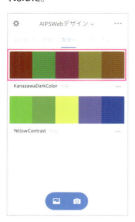

公開先とは

CHECK!

Adobe Color CC（https://color.adobe.com/）では、世界中のAdobeユーザーの配色したカラーテーマが公開されており、ほかのユーザーも利用することができます。［公開先］をオンにしておけば、Captureでつくったカラーテーマがこのサイトで公開されます。使用するスマートフォンの機種によって手順 6 が表示されないときがあります。

カラーテーマはXDでは非対応

本書執筆時点で、CCライブラリの［カラーテーマ］のカテゴリはXDでは利用できません。注意してください。

パターンをキャプチャする

写真に万華鏡のような効果をかけて、つなぎ目のない幾何学的なパターンを作成します。つくったパターンは、CCライブラリに保存されます。

1　Capture CCで［パターン］メニューをタップして選び❶、［カメラ］ボタン❷をタップします。

2　［パターン種類］をタップします❶。5種類から、今回は四角く切り出して90度回転し模様をつなげるパターングリッド❷を選びます。カメラを被写体に向けて、中央の四角形と周囲のそれを並べた状態❸を確認しながら位置を調整します。位置が決まったら［キャプチャ］ボタンをタップします❹。

6-3 Capture CCを使ってパーツをつくる

3 ［編集］画面に移動します。必要に応じて［角度］①をドラッグして傾きを調整したり、中央の四角形②をピンチ操作で拡大縮小したりして、それを並べた上のパターン画像③を見ながら調整をします。右上の［保存］をタップします④。

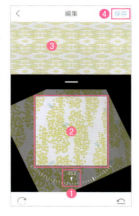

4 パターンの名前をタップして入力します①。今回は「MimosaPattern」と入力し［保存］ボタン②をタップします。

5 ［パターン］に今回作成したアセット「MimosaPattern」が保存されました。

CHECK!
パターンとは

作成したパターンは、Photoshopの選択範囲やオブジェクト、Illustratorのオブジェクトの塗りに設定できます。

作成したCCライブラリのアセットの確認

Capture CCで追加したアセットをPhotoshopやIllustratorの［CCライブラリ］パネルで確認し、パネルメニューでできることを知っておきましょう。
ここではPhotoshopの場合で説明しますが、Illustratorでも同じです。

1 Photoshopで［CCライブラリ］パネルを開きます。［ライブラリ］から「AIPSWebデザイン」を選び①、右上の［項目をリストで表示］ボタン②をクリックすると、これまでにCCライブラリへ追加したアセットの一覧が表示されます。

2 ［CCライブラリ］パネルメニュー③をクリックすると、［削除］や［書き出し／読み込み］など、CCライブラリに対する基本的な操作がおこなえます。

CHECK!
作成したCCライブラリの利用

このCCライブラリは、次の6-4で使います。6-3のレッスンファイル「AIPSWebデザイン.cclibs」は、これを書き出したファイルで、パネルメニューから［読み込み］がおこなえます。

Lesson 06　Creative Cloudライブラリへのパーツの登録と活用

6-4　CCライブラリの アセットを利用する

CCライブラリのアセットを使って、PhotoshopでWebサイトのカンプを仕上げます。CCライブラリパネルのアセットからグラフィックを配置したり、文字スタイルやカラーやパターン塗りを適用したりします。

グラフィックアセットを配置する

Lesson 06 ▶ 6-4

CCライブラリに追加したPhotoshopのレイヤーやIllustratorのパスで描いたロゴなど、グラフィックアセットをカンプ上に追加します。

CHECK!

6-4を始める前の準備

ここからの操作では、CCライブラリ「AIPSWebデザイン」が必要です。ない場合は、109ページ「作成したライブラリアセットの利用」を参考にcclibsファイルを読み込んでください。

1　「PsComp.psd」をPhotoshopで開きます。[レイヤー]パネルで「Jumbotron」グループ内の「背景」レイヤー❶をクリックして「Hello,World!」の背景にあるシェイプ❷を選びます。そこに[CCライブラリ]パネルの[グラフィック]セクションの「jumbotronbg」❸をドラッグし、配置します。

2　「このアクションで、初期設定でCreative Cloud Librariesに再びリンクされるスマートオブジェクトを作成します。」と表示されたらOKします。

3　「jumbotronbg」レイヤー❶を「背景」レイヤーにかぶせるように配置し、Return(Enter)キーを押してサイズを確定します。[レイヤー]パネルで「背景」レイヤーと「jumbotronbg」レイヤーの間をoption(Alt)キーを押しながらクリックして❷クリッピングマスクを作成します。「jumbotronbg」レイヤーが「背景」レイヤーで切り抜かれます。

4　クリッピングマスクにした2つのレイヤー❶を⌘(Ctrl)キーを押しながらクリックして選び、[レイヤーをリンク]❷ボタンをクリックします。リンクしておけば、クリッピングマスクがずれる心配がありません。

110

5 同様の操作で「card-1」グループ内の「写真枠」レイヤー❶の上に［CCライブラリ］パネルの［グラフィック］セクションの「coffeecup」❷を適当なサイズに縮小して配置し、クリッピングマスク❸を作成します。

CHECK! CCライブラリにリンクしたスマートオブジェクト

手順4の「jumbotronbg」レイヤーのように、レイヤーサムネールに雲のアイコンがついているスマートオブジェクトは、Adobeクラウド上に保存されたCCライブラリにリンクされており、クラウド側のデータと常に同期している状態です。スマートオブジェクトを選ぶと［属性］パネルにCCライブラリのアセット情報が表示され、［コンテンツを編集］ボタンでCCライブラリに登録した元ファイルを開け、［埋め込み］ボタンでリンクを外すことができます。

6 「card-2」グループ内の「写真枠」レイヤーの上にCCライブラリの「nagoya」❶を、「card-3」グループ内の「写真枠」レイヤーの上にCCライブラリの「gratin」❷を配置し、それぞれクリッピングマスクを作成し、レイヤーをリンクします。「Navbar」グループ内の「背景」レイヤー❸を選んでから、CCライブラリの「r360studio」❹を左上に配置します。

CHECK! 比率を保持したサイズ変更

サイズ調整のときにShiftキーを押しながら操作すると縦横の比率を保持しつつおこなえます。また、option（Alt）キーも同時に押すと中央が基準になり、位置合わせをしながらのサイズ変更がしやすくなります。

文字スタイルを適用する

1 ［レイヤー］パネルで「Jumbotron」グループ内の「Hello,World!」レイヤー❶をクリックしテキスト❷を選びます。［CCライブラリ］パネルの［文字スタイル］セクションの［helloworld］❸をクリックして適用します。

CHECK! 「helloworld」アセット

6-2でIllustratorのテキストからCCライブラリに追加した文字スタイルのアセットです。

2 テキスト「Hello,World!」❶を選んだまま、［文字］パネル❷を確認すると、［フォント:Impact］、［フォントサイズ:60px］、［行送り:27pt］、［カーニング:0］、［トラッキング:100％］、［カラー:#FFFFFF］と、文字スタイルアセット[helloworld]のとおりに変更されています。

Lesson 06 Creative Cloudライブラリへのパーツの登録と活用

3 「Jumbotron」グループ内の「右画像」レイヤー❶をクリックします。[テキスト]ツールを選び❷、グレーの四角形より少し左のところをクリックし❸「May I help you?」と入力します。

4 [移動]ツールを選び❶、「May I help you?」のテキストを選択したまま、[CCライブラリ]パネルの[文字スタイル]セクションの「StampText」❷をクリックします。文字スタイルが選択中のテキストに適用されました❸。

CHECK!
「StampText」アセット

6-3でCapture CCで撮影した画像を認識し、CCライブラリに追加した文字スタイルのアセットです。

5 [文字]パネル❶を確認すると、フォントも含めて文字スタイルアセット「StampText」のとおりに変更されています。テキストをグレーの四角形の中央に移動❷、[フォントサイズ:60px]に変更します。このあとの作業で四角形のサイズを変更しますので、文字が四角形からはみ出ていてもかまいません。

CHECK!
文字スタイルでフォントが同期されないとき

[CCライブラリ]に登録した文字スタイルアセットの右側に雲のマークのアイコン❶が表示される場合は、文字スタイルに指定されたフォントがAdobe Typekit(10-5参照)から同期されていません。雲マークのアイコンをクリックするとAdobe Typekitと同期されます。

カラーを適用する

1 [CCライブラリ]パネルの[項目をアイコンで表示]ボタン❶をクリックします。[レイヤー]パネルで「Navbar」グループ内の「背景」レイヤー❷をクリックし、ヘッダー部分の四角形❸を選んだ状態で、[CCライブラリ]パネルのカラーテーマ「KanazawaDarkColor」から1番目の色❹(#8C0813)を選びます。

6-4 CCライブラリのアセットを利用する

② 「Jumbotron」グループ内の「Hello,World!」レイヤーをクリックしてテキスト❶を選び、[CCライブラリ]パネルのカラーテーマ「YellowContrast」から3番目の色❷（#F0FF00）を選びます。同様にして、「Jumbotron」→「ボタン枠」レイヤーをクリックして四角形❸を選択し、1番目の色❹（#41CC14）を選びます。「contents」グループ内の「card-1」→「ボタン枠」レイヤーの四角形❺、四角形❻と❼にも同じ色❹（#41CC14）を指定します。

CHECK!
CCライブラリにあるカラーテーマ

「YellowContrast」は6-2のAdobe Colorで作成したカラーテーマ、「KanazawaDarkColor」は6-3のCapture CCで撮影した画像から作成したカラーテーマをそれぞれCCライブラリに追加したもので、本文中とは色が異なっていることもあります。

COLUMN   Lesson 06 ▶ 6-4 ▶ mimosa.psd

シェイプレイヤーにパターンを適用する

6-3でCCライブラリに登録したパターンをPhotoshopで使うには、下記の手順でおこないます。

❶塗りつぶし対象のシェイプレイヤーを描画して❶、[CCライブラリ]パネルの[パターン]セクションから「MimosaPattern」❷を右クリックし、[パターンプリセットを作成]をクリックします❸（対象レイヤーを選択しないと[パターンプリセットを作成]メニューは表示されません）。

❷[属性]パネルの[シェイプの塗りを設定]ボタン❶をクリックし、[パターン]❷をクリックします。登録したプリセットをクリックし❸、四角形に反映されたパターンを確認しながら❹、[拡大・縮小]の数値を適宜調整します❺。

Jumbotronのワンポイントイメージを仕上げる

① [移動]ツールを選び❶、オプションバーの[バウンディングボックスを表示]にチェックします❷。「Jumbotron」グループ内の「右画像」レイヤー❸をクリックして四角形❹を選択し、[属性]パネルの[シェイプの幅と高さをリンク]❺をオフにして、[W：450px]、[H：295px]❻と入力しReturn（Enter）キーで確定します。カラムの右端❼と揃えるように四角形を少し左に移動し、上部に多めにアキを作るため、図を参考に少し下方向に移動します。

113

2. 四角形を選んだまま❶、[編集]メニューの[変形]→[ワープ]メニューを実行します。オプションバーの[ワープ]のプルダウンメニューから[上弦]を選択し❷、[カーブ]に40%と入力し❸、[変形を確定]❹をクリックします。[この操作を行うと…]というダイアログが表示された場合は[はい]をクリックします（初回の操作のみアラートが表示されます）。

3. [ファイル]メニューの[埋め込みを配置]を選び、写真「Drip.psd」を「Jumbotron」グループ内の「右画像」レイヤーの上に読み込み❶、バウンディングボックスを使って大きさを調整❷します（「Drip」レイヤーの横幅が620pxぐらいだと、バランスよくトリミングできます）。

4. option（Alt）キーを押しながら「Drip」と「右画像」レイヤーの間をクリック❶すると、クリッピングマスクされた状態❷になります。

5. 「Drip」レイヤーと「May I help you?」の文字を、図のような位置に移動させます。

6. 「右画像」レイヤーを選び❶、[レイヤー]メニューの[レイヤースタイル]→[光彩（内側）]を選びましょう。図を参考に数値を指定してください❷。

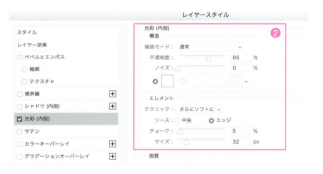

7. 「Jumbotron」グループ内の「May I help you?」と「Dirp」と「右画像」レイヤーを⌘（Ctrl）キーを押しながらクリックしてすべて選び❶、[レイヤー]メニューの[スマートオブジェクト]→[スマートオブジェクトに変換]を実行します❷。これら3つのレイヤーがひとつのスマートオブジェクトになり、このあとの作業がしやすくなります。

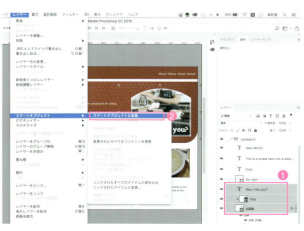

6-5 CCライブラリを共有する

CCライブラリは、相手がCCユーザーであれば第三者と簡単に共有ができます。
共有には、CCライブラリの「リンクを共有」と「フォルダー共有」の
2つの方法があります。

公開リンクを送信して共有する

CCライブラリを共有すれば、デザイナーがつくった素材を制作チーム全員で利用することができます。相手がCCユーザーであれば、IllustratorかPhotoshopのCCライブラリパネルからアクセスして利用できます。
まず[リンクを共有]の方法は、URLがわかれば誰でも閲覧できる状態でCCライブラリを公開します。パスワード設定はできないので、公開URLは、共有したい相手だけに伝えるようにしましょう。ここではPhotoshopの画面で説明しますが、Illustratorでも同様です。

1 Photoshopを起動して[CCライブラリ]パネルを開き、共有するCCライブラリ、ここでは「AIPSWebデザイン」を選択し❶、パネルメニュー❷から[リンクを共有]❸をクリックします。

2 ブラウザが起動し、Adobe Assetsサイトの「AIPSWebデザイン」ライブラリのページが表示されます（Adobe IDでログインします）。[リンクを送信]ポップアップ画面から[非公開]の左側のスイッチ❶をクリックしてオンにします。

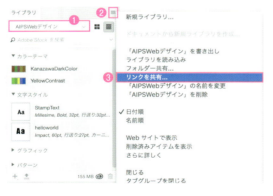

3 今回は[追加オプション]の[「フォロー」を許可]❶と[「保存」を許可]❷の両方にチェックします。[閲覧者への説明]❸を適宜入力します。[リンクをコピーして共有]の「https://adobe.ly/……」❹をコピーして共有者にメールなどで送ります。[保存]❺ボタンをクリックするとCCライブラリが一般に公開状態となりますので、ブラウザを閉じます。

CHECK!
追加オプション
[「フォロー」を許可]と
[「保存」を許可]

[「フォロー」を許可]は、フォローした第三者に利用を許可します。所有者が公開CCライブラリに加えた変更も即時反映されます。
[「保存」を許可]は、保存した第三者のCCライブラリに公開CCライブラリにあるすべてのアセットを複製します。保存後の公開CCライブラリへの変更は、反映されません。

Lesson 06　Creative Cloudライブラリへのパーツの登録と活用

共有者側の作業

1 CCライブラリの所有者から通知された公開リンク「https://adobe.ly/……」にブラウザでアクセスします。Adobe IDでログインし、[フォロー] ❶ボタンをクリックします。ボタンの表示が[フォロー中]に変更されたらブラウザを閉じます。

2 Photoshopを起動して、適当なサイズで新規ファイルを作成し、[CCライブラリ]パネルを開きます。[ライブラリ]から「AIPSWebデザイン」❶を選びます。[ライブラリを追加]❷ボタンにマウスを重ねると「これは読み取り専用のライブラリです。」と表示され、アセットの追加が許可されていないことが確認できます。

3 共有したCCライブラリから、アセットの利用と複製ができます。[CCライブラリ]パネルの[グラフィック]セクションからアセットをドラッグ&ドロップでドキュメントに配置できます❶。アセットを右クリックして[コピー先]から選んで、ほかのCCライブラリに複製できます❷。

CCライブラリの共有を解除する

共有したCCライブラリが不要になったら、[CCライブラリ]パネルで対象のライブラリを選び❶、パネルメニュー❷から[「(ライブラリ名)」のフォローを解除]❸を選びます。解除すると、共有CCライブラリからリンクされたスマートオブジェクトが利用できなくなるので注意しましょう。それを避けるには、アセットを配置する前に、ほかのCCライブラリに複製してから使用するか、ドキュメントに埋め込んでリンクを外しておきます。

CHECK!

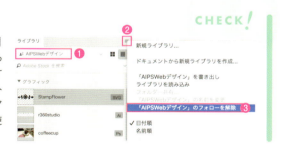

CCライブラリを
フォルダー共有する

[フォルダー共有]の方法は、メールアドレスで共有相手を指定して、その人だけに利用ができるようにします。公開リンクと違って、関係者以外がアクセスできないので安全です。ここではPhotoshopの画面で説明しますが、Illustratorでも同様です。

1 Photoshopを起動して[CCライブラリ]パネルを開き、共有するCCライブラリ、ここでは「AIPSWebデザイン」を選択し❶、パネルメニュー❷から[フォルダー共有]❸をクリックします。

6-5 CCライブラリを共有する

2. ブラウザが起動し、Adobe Assetsサイトの「AIPSWebデザイン」ライブラリのページが表示されます（Adobe IDでログインします）。［共有者を招待］ポップアップ画面で、［電子メールアドレス］❶に招待する共有者のメールアドレス（Adobe IDに使用しているもの）を入力します。今回は、共有者の権限から［編集可能］❷を選びます。［招待］❸ボタンをクリックすると、共有者リストに招待メールアドレスが表示されます。同時に招待者にメールが送られます。

CHECK! 共有者の権限

共有するCCライブラリにアクセスする権限には、［編集可能］と［閲覧のみ］の2つがあります。CCライブラリをつくったオーナーは［所有者］の権限です。

共有者側の作業

1. CCライブラリ所有者から届いた招待メール本文内の［招待に応じる］リンク❶をクリックします。

2. ブラウザが起動してAdobe Assetsサイトが表示されますので、Adobe IDでログインします。［リクエスト］に招待のお知らせが表示されるので、［承認］ボタンをクリックします❶。［承認］ボタンに「承認済み」と表示されたら、ブラウザを閉じます。

3. Photoshopを起動して、適当なサイズで新規ファイルを作成します。［CCライブラリ］パネルを開き、「AIPSWebデザイン」ライブラリを選びます❶。ライブラリ名の左に［共有］アイコン（2人の人型アイコン）が表示されています。［グラフィック］セクションのアセットを右クリックすると❷、［編集］メニュー❸があり、パネル左下の［コンテンツを追加］ボタン❹も使用可能で、CCライブラリに対する編集の権限がすべて使えることが確認できます。

CHECK! フォルダー共有を解除する

フォルダー共有を解除するには、［CCライブラリ］パネルで対象のCCライブラリを選び❶、パネルメニュー❷から［「（ライブラリ名）」を手放す］❸を選びます。解除すると、共有CCライブラリからリンクされたスマートオブジェクトが利用できなくなるので、アセットを配置する前に、ほかのCCライブラリに複製してから使用するか、ドキュメントに埋め込んでリンクを外しておきます。

共有フォルダーのユーザー管理

共有フォルダーに招待したユーザーは、所有者側から削除することができます。［CCライブラリ］パネルで共有中のCCライブラリを選び、パネルメニューの［フォルダー共有］からAdobe Assetsサイトのライブラリページにアクセスすると［フォルダー共有］ポップアップ画面が表示されます。共有ユーザーの削除ボタン［×］❶をクリックし、ユーザーを削除します。すべてのユーザーを削除する場合は、［すべてのユーザーを削除］❷をクリックします。

Lesson 06　Creative Cloudライブラリへのパーツの登録と活用

lesson 06 ― 練習問題

「figs.psd」をCCライブラリ「AIPSWebデザイン」にアセット名「figs」で登録します。
6-4「finish」フォルダーの「PsComp.psd」を開いて、
リンクされたCCライブラリの「nagoya」レイヤーを、
CCライブラリに登録した「figs」で差しかえましょう。ライブラリを交換するには、
[レイヤー]メニューの[スマートオブジェクト]→[コンテンツを置き換え]を実行します。

Before

After

❶[CCライブラリ]パネルで、6-2と6-3で作成した「AIPSWebデザイン」ライブラリを選択しておきます。ない場合は、6-3の109ページのCHECK!を参考に、「AIPSWebデザイン.cclibs」を[CCライブラリ]パネルメニューの[ライブラリを読み込み]メニューから読み込んでおきます。
❷Photoshopで「figs.psd」を開きます。[レイヤー]パネルですべてのレイヤーを⌘（Ctrl）キーを押しながらクリックして選び、[レイヤー]メニューの[レイヤーをグループ化]を選択します。作成されたレイヤーグループの名前をダブルクリックして「figs」に変更します。
❸「figs」グループレイヤーを[CCライブラリ]パネルにドラッグして追加します。「AIPSWebデザイン」ライブラリに追加できたら「figs.psd」は保存せずに閉じます。

❹6-4「finish」フォルダーの「PsComp.psd」を開きます。[レイヤー]パネルで「nagoya」レイヤーを選択し、右側の[レイヤーをリンク]ボタンをクリックして、リンクを外します。
❺「nagoya」レイヤーを選んだまま、[レイヤー]メニューの[スマートオブジェクト]→[コンテンツを置き換え]を選びます。[CCライブラリ]パネルの[グラフィック]セクションから「figs」をクリックして選択し、[再リンク]をクリックします。
❻差し替わった「figs」レイヤーのサイズをクリッピングマスクに合わせて[移動]ツールで調整します。[レイヤー]パネルで「figs」レイヤーとその下の「写真枠」レイヤーを両方選び、[レイヤーをリンク]ボタンをクリックしてリンクします。
❼[ファイル]メニューの[保存]を実行し、上書き保存します。

PhotoshopでのWebページ制作テクニック

An easy-to-understand guide to web design

Lesson 07

Photoshopは「美しいデザイン」をつくることに長けていますが、Webデザインの現場ではそれだけでなく、「つくりやすい」「編集に強い」「共有しやすい」ファイルづくりが重要になってきます。アートボードやスマートオブジェクト、リンク、CCライブラリ機能の特性を知り、場合に応じて最適な選択ができるように学びましょう。

Lesson 07　Photoshop での Web ページ制作テクニック

7-1 ガイドレイアウトをつくろう

グリッドレイアウトをつくるのに便利なガイドレイアウトを、一括で作成・変更することができます。ここでは、Web サイトのデザインによく用いられる、12 カラムのガイドレイアウトをつくります。

12カラムのガイドレイアウトをつくる

1 ［新規ドキュメント追加］から、［Web］のプリセットの［Web 1440 x 900 px @72ppi］を選択します。コンテンツ幅 1000 px とし、12 カラム（列）に割ったガイドレイアウトを中央に作成します。

COLUMN

グリッドレイアウトとは

グリッドレイアウトとは、コンテンツの幅を等間隔に分割し、それを組み合わせてレイアウトを作る手法です。中でも、12は約数が2・3・4・6とあり、幅を規則的かつ柔軟に設定できるので、12分割のグリッドレイアウトは広く使用されており、BootstrapのようなCSSフレームワークのグリッドシステムでもデフォルトに設定されています。
グリッドを意識したデザインは組み換えが容易なため、レスポンシブのデザインにも展開しやすい利点があります。

2 ［表示］メニューの［新規ガイドレイアウトを作成］を選択します❶。［列］を［数：12］❷、［幅：65px］❸、［間隔：20px］❹と入力します。［列を中央に揃える］にチェックすると❺、左右のマージンを指定しなくてもガイドが中央に配置されます。

3 アートボードの中央に、コンテンツ幅 1000 px の 12 グリッドのガイドレイアウトが作成されました。

CHECK! ガイドはロックして作業しよう

ガイドレイアウト作成後はロックされていない状態です。間違ってガイドを動かしてしまわないようにロックしてから作業を始めましょう。［表示］メニューの［ガイドをロック］を選択してチェックをつけます。ガイドのロック／ロック解除は ⌘ + option + ; （ Ctrl + Alt + ; ）キーでもできます。

7-2 アートボードの追加とサイズ変更

同じデバイス向けに複数のページを用意したり、
複数のデバイスサイズに合わせて同じページを並行して制作する際に、
1つのファイルの中に複数のアートボードを作成しましょう。

アートボードを増やす

Lesson 07 ▶ 7-2

Webサイトは複数ページで構成されることが一般的です。また、スマートフォンやタブレット、PCなどに合わせて複数サイズのバナーなどをつくることもよくあります。その際、ページサイズの基準となるのがアートボードです。1つのPSDファイルに複数ページのアートボードを追加したり、複数のデバイスサイズのアートボードを用意して並べて制作すると、パーツの共通化と管理がしやすくなります。

現在のアートボードと同じサイズを複製する

1 ツールバーから[アートボード]ツールを選択します。

2 現在のアートボードの左上のアートボード名をクリックします❶。アートボードの上下左右に[+]マークが表示されるので、増やしたい方向の[+]マークをクリックします❷。空のアートボードが複製されます。

3 option (Alt) を押しながら[+]をクリックすると❶、アートボードに含まれるレイヤーごと複製されます。

保存先を決めてアートボードの複製

[レイヤー]パネルメニューから[アートボードを複製]を選択します❶。[アートボードを複製]ダイアログボックスで、[新規名称]に新規アートボード名を入力して❷[OK]をクリックします。[保存先]の[ドキュメント]❸は、現在Photoshopで開いているドキュメントが表示されます。複製したい先のドキュメントを開いておきましょう。

アートボードの設定を変更する

オプションバーでサイズや構図を変更する

［アートボード］ツールでアートボード名をクリックして選択します（Shift＋クリックで複数のアートボードを選択できます）。オプションバーで幅や高さの変更、比率の変更ができます。

1 ［サイズ］のプルダウンには各種スマートフォンやパソコンのディスプレイのサイズがプリセットされています。目的にあったサイズを選んで変更します。

2 幅と高さを自由に変更したい場合は、［幅］❶と［高さ］❷に任意のpx数を入力します。

3 アートボードのサイズを保ったまま、幅と高さを入れ替えたい場合は、［ポートレイトを作成］❶、［ランドスケープを作成］❷をクリックします。スマートフォンを横にしたサイズのアートボードをつくる時に便利です。

4 自由な位置に複製したい場合は、［アートボードの自由変形］❶をクリックして、カンバスの任意の場所をクリックします。

CHECK! 属性パネルからも変更できる

サイズの変更やプリセットの選択は［属性］パネルからもおこなえます。

CHECK! レイヤーやグループからもアートボードを作成できる

［レイヤー］パネルでレイヤーやグループを選んで、パネルメニューから［グループからのアートボード］❶、または［レイヤーからのアートボード］❷で作成することができます。

アートボードのサイズを自由に変更する

アートボードを選択して、バウンディングボックスが出ている状態では、自由変形と同じようにドラッグしてサイズを変更できます❶。制作中に高さが足りなくなった場合などに便利です。

7-3 繰り返し使うパーツを共通化しよう

Webサイトのデザインには共通化できるパーツがいくつかあります。
共通パーツをつくる際は、スマートオブジェクトやリンク、CCライブラリを使って、
効率よく変更に強いファイルづくりしましょう。

Photoshopでパーツを共有化する3つの方法

よく使うアイコンやボタン、ヘッダーやフッターなど、複数のエリアやページに繰り返し登場する共通パーツがあります。こういったパーツを単純なコピー＆ペーストで複製すると、あとから変更が生じた際に同じ修正を何度も繰り返さないといけなくなり大変ですし、修正漏れを起こしやすくなります。そこで1つを修正するとすべてに反映されるような、共通パーツ化のしくみを利用しておくことが大切です。

Photoshopで利用できるパーツを共通化するしくみは、3つあります。スマートオブジェクト・リンク・CCライブラリです。それぞれ図のような長所と短所があります。案件によって制作するページやファイルの数、制作に参加する人数は変わります。それに応じてどの方法でパーツを共有するのが最適かを考えて、状況に応じて選べるようにしておきましょう。

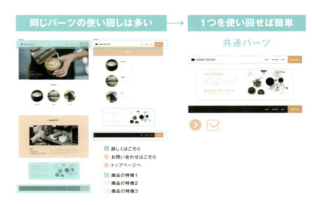

スマートオブジェクト

4-1で紹介したスマートオブジェクトは、オリジナルをPSBという別ファイルとして作成元のPSDの中に保持しています。これを利用すると、共通パーツとなるレイヤーやグループを1つのPSBファイルとして管理することができます。よく使うアイコンやボタンをスマートオブジェクトに変換し、それを複製して配置していけば、1つのPSBファイルを編集するだけで複製したすべてのスマートオブジェクトが変更されます。

- 手軽さ：オリジナルのPSBはPSD内に保持されているので、1つのファイルで管理できます。共通パーツが複数レイヤーからなる場合は、［レイヤー］パネルで1つのスマートオブジェクトになりすっきりします。
- 一覧しやすさ：「いまどんなスマートオブジェクトがあるのか」を一覧で見ることはできません。
- 共有しやすさ：スマートオブジェクトを別のPSDにコピー＆ペーストすると別のPSBとなるため、編集の効果は複数ファイルには及びませんので注意が必要です。

1ファイルで完結する場合のパーツの共有化に

そのPSD内でしか使用しないパーツであれば、手軽に共通パーツ化できるスマートオブジェクトがおすすめです。簡単に作成でき、変更もすぐ反映されます。複数ファイルや複数ユーザーで利用するパーツの場合は管理がしにくく、修正漏れも発生しやすくなるので避けたほうがいいでしょう。

リンク

共通パーツとなる部分を別のPSDファイルとして書き出し、利用するPSDファイル上にリンクを配置する方法です。ファイルの枠を超えて複数のファイルから利用することができます。

- **手軽さ**：共通パーツを選んで別のPSDとして保存し、リンクとして配置するのは最初は少し手間がかかります。
- **一覧しやすさ**：PSDの保存先は自分で決められるので、共通パーツのPSDだけを1つのフォルダーにまとめておけば、共通パーツを一覧で管理できます。
- **共有しやすさ**：いったん別のPSDにしてしまえば、そのファイルを編集するだけですべてのリンク先に変更が反映されます。

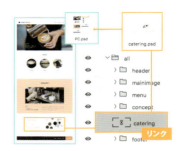

ファイルを分割して作業したいときに
サイトが大規模で1つのPSDファイルだけではデザインできない場合、あるいはほかのデザイナーと手分けして作業する際にはリンクが効果的です。共通パーツのPSDを共有しておけば、その共有ファイルを変更した場合にも、すべてのファイルに変更が反映されます。

CCライブラリ

Lesson06で解説したCCライブラリを利用する方法です。アイコンやボタンといったシンプルなパーツだけでなく、ヘッダーやフッターなどエリア単位でもグラフィックのアセットとして登録できます。

- **手軽さ**：共通化したいパーツを選んで[CCライブラリ]パネルの[＋]ボタンを押すだけで登録され、あとはドキュメントにドラッグ&ドラッグするだけで利用できます。
- **一覧しやすさ**：[CCライブラリ]パネルに登録したアセットがサムネールで表示されるので、共通パーツの一覧を管理するのも簡単です。
- **共有しやすさ**：登録したパーツを変更する必要が生じたら[CCライブラリ]パネルでダブルクリックすればファイルが開いて編集でき、保存するとすべての利用先に変更が反映されます。複数ユーザーでCCライブラリを共有して利用するには、全員にAdobe IDが必要です。

共通パーツを複数メンバーで共有したい場合に
CCライブラリは、グラフィック、カラー、文字スタイルなど共通パーツを一括して共有するのに向いています。[共同利用]で招待すると限られたチームで効率よく作業をすることができます。メンバー全員がCCを使っているなら効率的にパーツを管理できます。

おすすめの共通化方法は

バナーやランディングページのように単独のファイルで制作できる場合や、そのPSD内だけで多用するパーツは、スマートオブジェクトを利用するのが手軽で簡単です。複数PSDファイルに分かれたり、チームで分担して制作する場合は、リンクもしくはCCライブラリがおすすめです。共通パーツを切り分けておくと、次の工程へ段階的に渡すことも容易になり、ファイル1つあたりの容量が軽くなるのも利点です。

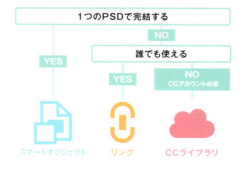

7-4 スマートオブジェクトでパーツを共通化する

お問い合わせのような「すべてのページで共通して使う」エリアを、前節で紹介した3つの方法で実際に共通パーツ化してみましょう。この節ではまずスマートオブジェクトを利用する方法を説明します。

共通化するスマートオブジェクトの複製方法

Lesson 07 ▶ 7-4

レイヤーやグループをスマートオブジェクトにして複製すると、どれか1つを編集するだけですべてに反映されるというシンボルのような特徴があります。それを利用して共通パーツを作成します。

サンプルファイル「PC-index.psd」を開くと、「index」アートボードの最下部に「ケータリング」エリアがあります。これをほかのアートボードにも複製して使える共通パーツにして利用してみましょう。

1 「index」アートボード内の「catering」グループが共通パーツにしたい部分です。[レイヤー]パネルで右クリックして❶[スマートオブジェクトに変換]❷を選択します。フォルダーのアイコンが、スマートオブジェクトのアイコンに変化します❸。

2 スマートオブジェクトにした「catering」レイヤーを選択した状態で、[レイヤー]メニューの[レイヤーを複製]を選択します❶。[レイヤーを複製]ダイアログボックスが表示されますので、[保存先]の[アートボード]を「menu」にして❷[OK]をクリックします。

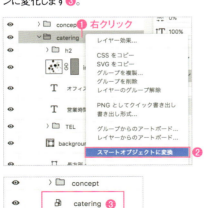

3 「menu」アートボードにスマートオブジェクトの「catering」レイヤーが複製されました❶。アートボードに対して位置を揃えましょう。[属性]パネルの[X: 0]にして❷、[Y]の値はアートボードの高さに合わせて調整します。

CHECK!
スマートオブジェクトは[レイヤーを複製]で増やす

スマートオブジェクトを、❶複製する❷、コピー&ペーストする、一見どちらも結果は同じに見えますが、実は大きな違いがあります。❶の[レイヤーを複製]もしくはショートカットで option （ Alt ）キーを押しながら[移動]ツールで複製したスマートオブジェクトは、同じPSBデータで一括変更できます。しかし❷のコピー&ペーストで増やしたスマートオブジェクトは別のPSBとみなされます。用途に合わせて❶と❷を使い分けましょう。

CHECK!
共通パーツはマージンも含めると位置調整に便利

共通パーツをつくるとき、コンテンツのレイヤーだけをパーツ化すると位置合わせが面倒なことがあります。今回はグループ最背面のレイヤーに、アートボード幅の1400pxのシェイプをつくっています。これでアートボードに揃える、中央で揃えるなどの操作が楽になります。

スマートオブジェクトを編集する

複製後に「ケータリング」エリアの電話番号を修正する必要が出たとします。
通常であれば、「index」アートボードと「menu」アートボードの2カ所の修正が必要になりますが、スマートオブジェクトで共通パーツ化しているので一度の修正で対応できます。

1 [レイヤー]パネルで「index」アートボード内の「catering」のスマートオブジェクトサムネールをダブルクリックします。

2 スマートオブジェクトの中身であるPSBファイルが別のタブで開きます。[テキスト]ツールで電話番号を「0120-34-5678」に変更して❶、PSBファイルを保存して閉じます。

3 変更した「index」アートボードのスマートオブジェクトだけでなく、「menu」アートボードのスマートオブジェクトも、電話番号が修正されています。

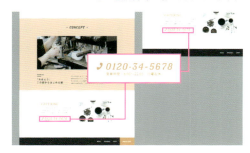

CHECK!
スマートオブジェクトは複数ファイルで共通化できない

[レイヤーを複製]で[保存先]に別のPSDファイルを指定して複製しても、中身のPSBファイルは異なるスマートオブジェクトになります。ですから「A.psd」のスマートブジェクトを編集しても「B.psd」のスマートオブジェクトには反映されません。それぞれのファイルで編集する必要があります。

紙面版 電脳会議 **一切無料**

今が旬の情報を満載して お送りします！

『電脳会議』は、年6回の不定期刊行情報誌です。A4判・16頁オールカラーで、弊社発行の新刊・近刊書籍・雑誌を紹介しています。この『電脳会議』の特徴は、単なる本の紹介だけでなく、著者と編集者が協力し、その本の重点や狙いをわかりやすく説明していることです。現在200号に迫っている、出版界で評判の情報誌です。

毎号、厳選 ブックガイドも ついてくる!!

『電脳会議』とは別に、1テーマごとにセレクトした優良図書を紹介するブックカタログ（A4判・4頁オールカラー）が2点同封されます。

電子書籍がご購読できます！

パソコンやタブレットで書籍を読もう！

電子書籍とは、パソコンやタブレットなどで読書をするために紙の書籍を電子化したものです。弊社直営の電子書籍販売サイト「Gihyo Digital Publishing」（https://gihyo.jp/dp）では、弊社が発行している出版物の多くを電子書籍として購入できます。

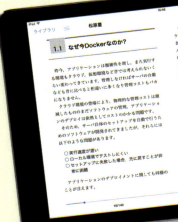

▲上図はEPUB版の電子書籍を開いたところ。電子書籍にも目次があり、全文検索ができる

電子書籍の購入はかんたんです!!

Gihyo Digital Publishing（https://gihyo.jp/dp）から電子書籍を購入する方法は次のとおりです。販売している電子書籍は主にPDF形式とEPUB形式があります。電子書籍の閲覧ソフトウェアをお持ちでしたら、すぐに読書が楽しめます。

❶ 自分のアカウントでサイトにログインします。
（初めて利用する場合は、アカウントを作成する必要があります）

❷ 購入したい電子書籍を選択してカートに入れます。

❸ カートの中身を確認して、電子決済を行って購入します。

● ご利用にあたって ── 詳しくはウェブサイトをご覧ください。

＊電子書籍を読むためには、読者の皆様ご自身で電子書籍の閲覧ソフトウェアをご用意いただく必要があります。

＊ご購入いただいた電子書籍には利用や複製を制限するDRMと呼ばれる機構は入っていませんが、購入者を識別できる情報を付加しています。

＊Gihyo Digital Publishingの利用や、購入後に電子書籍をダウンロードするためのインターネット回線代は読者の皆様のご負担になります。

電脳会議
紙面版
新規送付のお申し込みは…

ウェブ検索またはブラウザへのアドレス入力の
どちらかをご利用ください。
Google や Yahoo! のウェブサイトにある検索ボックスで、

電脳会議事務局　　検索

と検索してください。
または、Internet Explorer などのブラウザで、

https://gihyo.jp/site/inquiry/dennou

と入力してください。

一切無料！

「電脳会議」紙面版の送付は送料含め費用は一切無料です。
そのため、購読者と電脳会議事務局との間には、権利&義務関係は一切生じませんので、予めご了承ください。

技術評論社　電脳会議事務局
〒162-0846　東京都新宿区市谷左内町21-13

7-5 リンクでパーツを共通化する

共通パーツを1つのPSDとして保存し、
それを利用するPSDでリンク配置する方法です。複数のファイルで利用でき、
リンク元のPSDファイルを変更するとすべてのリンク先で反映されます。

スマートオブジェクトをPSDにしてリンクする Lesson07 ▶ 7-5

前節のスマートオブジェクトをリンクに変更してみましょう。

1 先ほど作成した「catering」のスマートオブジェクトサムネールをダブルクリックして❶、スマートオブジェクトの中身のPSBファイルを別のタブで開きます。[ファイル]メニューから[別名で保存]を選択し❷、「PC-index.psd」と同じフォルダーに「catering.psd」という名前で保存して❸閉じます。

2 「PC-index.psd」に戻ります。[レイヤー]パネルの「index」アートボード内のスマートオブジェクト「catering」を右クリックします❶。[ファイルに再リンク]を選択し❷、ファイルの選択（Windowsでは[ファイルの置き換え]）ウィンドウでいま保存した「catering.psd」を選択して、[配置]をクリックします。

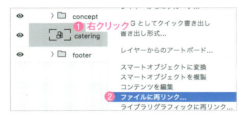

3 「index」と「menu」どちらのアートボードでも、スマートオブジェクトのアイコンが、リンクのアイコンに変化しました。試しにどちらかの「catering」のリンクオブジェクトサムネールをダブルクリックすると、「catering.psd」が開きます。

複数のPSDからリンクする

ほかのファイルにも「ケータリング」エリアを設置することになった場合、共通パーツファイルの「catering.psd」をリンクすればよいので簡単です。「shop.psd」を開いて配置してみましょう。

127

1. 「shop.psd」をPhotoshopで開きます。[ファイル]メニューから[リンクを配置]を選択し❶、ファイルの選択（Windowsでは[リンクを配置]）ウィンドウで先ほど作成した「catering.psd」を選択します❷。

2. 「catering.psd」がリンクで読み込まれ、バウンティングボックスが表示されますので Return （ Enter ）キーで配置します。[属性]パネルで[X: 0]に、[Y]はアートボードの高さに合わせて任意の値に調節してください。

リンクファイルを編集する

さらに「ケータリング」の営業日に変更が入ったとします。
共通パーツ化した「catering.psd」を修正すると「PC-index.psd」「shop.psd」の2つのファイルに反映されます。

1. 「catering.psd」をPhotoshopで開き、「（日曜定休）」のテキストを[テキスト]ツールで「（日・祝定休）」に変更し、保存して閉じます。

2. 「PC-index.psd」を開きます。[レイヤー]パネルの「catering」レイヤーのサムネールに黄色い[?]マークが表示されています❶。これはリンク元のPSDが変更されたことを意味しています。「catering」レイヤーを右クリックして[変更されたコンテンツを更新]をクリックします❷。黄色い[?]が消え、営業日の変更が両方のリンクレイヤーで反映されました。

3. もうひとつの「shop.psd」を開いて、同様に「catering」レイヤーを右クリックして[変更されたコンテンツを更新]をクリックすると、営業日の変更が反映されます。

CHECK! リンク先を開いている場合は自動的に更新される

リンクファイルを配置しているPSDを開いたままリンク元のファイルを編集した場合は、黄色い[?]は表示されず、自動的にリンクが修正されます。

7-6 CCライブラリで共有パーツを管理する

Lesson07で学んだCCライブラリに共通パーツを登録すれば、ドラック&ドロップで複数のアートボードやファイルに配置することができます。[CCライブラリ]パネルで一覧して管理できることも利点です。

共通パーツをCCライブラリに登録する

 Lesson07 ▶ 7-6

スマートオブジェクトもリンクも「いまのプロジェクトでどのような共通パーツがあるか」ということが制作者以外には一目でわからない不便さがあります。CCライブラリを利用すると、[CCライブラリ]パネルでどんな共通パーツがあるかを一覧で確認できます。利用したいパーツが見つかればドラッグ&ドロップで簡単に配置できます。複数ユーザーで共通パーツを利用する際にはとくに便利でしょう。

先ほど作成した「catering.psd」をCCライブラリに登録してみましょう。

1 「catering.psd」を開きます。レッスン用に新しいライブラリを作成しましょう。[CCライブラリ]パネルメニューから[新規ライブラリ]❶を選択します。[新規ライブラリを作成]ダイアログボックスで、ライブラリ名を「GOOD COFFEE」と入力して❷、[作成]をクリックします。

2 作成したライブラリにはまだ何も登録されていません。[レイヤー]パネルの「catering」グループを選択し、[CCライブラリ]パネル左下にある+アイコンの[コンテンツを追加]をクリックします❶。[グラフィック]にチェックを入れ❷、[追加]をクリックします。「GOOD COFFEE」ライブラリに[グラフィック]として「catering.psd」の内容が追加されました❸。

Lesson 07　PhotoshopでのWebページ制作テクニック

3　「PC-index.psd」を開きます。[レイヤー]パネルから、リンク配置された「catering」レイヤーを選択し、右クリックで[ライブラリグラフィックに再リンク]を選択します❶。[CCライブラリ]パネルで「catering」を選択して❷、[再リンク]をクリックします❸。

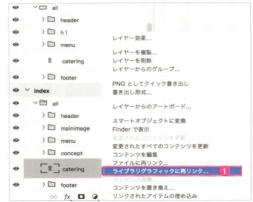

4　すべてのアートボードで、リンクのアイコンが、CCライブラリにリンクのアイコンに変化しました❶。

CHECK!

PC上とCCライブラリ上のリンクファイルは異なる

[レイヤー]パネルの「catering」をダブルクリックすると、「catering.psd」が開きます。これは先ほど作成した「catering.psd」ではなく、CCライブラリ内に作成された同名の別ファイルです。編集するとCCライブラリの「catering.psd」に反映され、リンクされている「PC-index.psd」にも反映されます。

数が多くなるレイヤーとうまくつき合おう

Webページのデザインでは必然的にアートボードやレイヤーが増え、[レイヤー]パネルに何十も並ぶことが珍しくありません。スマートオブジェクト・リンク・CCライブラリでパーツを共通化すると1レイヤーになり、レイヤー管理がしやすくなります。とくに調整レイヤーやクリッピングマスクは迷子になりやすいので、グループ化かスマートオブジェクトにしてまとめておくようにしましょう。ほかにもレイヤーが増えた場合に知っておくと便利なテクニックを紹介します。

いまどこのレイヤーにいるか迷ったら？

オブジェクトを選択して右クリックすると、レイヤー構造が表示され、上の階層のグループを選択することもできます。

選択したレイヤーだけ [レイヤー] パネルに表示したい

オブジェクトを選択して、右クリックから [レイヤーを分離] を選択すると、[レイヤー] パネルに選択したレイヤーのみが表示されます。このときパネル右上の [レイヤーフィルタリングのオンとオフを切り替え] スイッチが上がって赤になっています❶。

違うグループ内にある編集したい複数のレイヤーだけを [レイヤー] パネルに表示したいときなどに便利です。スイッチをクリックしてオフにすると、すべてのレイヤーが表示されます。

[レイヤー] パネルのすべてのグループを閉じる

エリアごとにレイヤーをグループ分けする癖をつけておくと、まとめて移動する際などに便利です。
しかし階層が複雑になり、[レイヤー] パネルで多くのグループが開いていると見にくいときがあります❶。

1 開いているグループの左側の ⌵ を option (Alt) キーを押しながらクリックすると、そのグループと内包するグループがすべて閉じます❷。

2 閉じたグループの左側の › をクリックして再び開くと、中にあるすべてのグループが閉じた状態で表示されます❸。なお、option (Alt) キーを押しながらクリックすると内包するグループがすべて開きます。

CHECK! 全体を包むグループをつくっておく

この例の「all」のように、一番外側にグループをつくっておくと、展開したグループを一度に閉じたいときに便利です。

Lesson 07　Photoshop での Web ページ制作テクニック

lesson07 — 練習問題

 Lesson 07 ▶ 7-Q

 PC 用のデザインカンプからスマートフォン用のデザインカンプをつくりましょう。
左の［幅 1200px］［高さ 500px］のバナーのアートボードを複製して、
右の［幅 500px］［高さ 1000px］のサイズ違いのバナーを作成します。
編集に強いデータにして、効率よく作成するための操作手順を考えてみましょう。

❶1 つのアートボードで複数のバナーなどを作成する場合、画像や背景色などをスマートオブジェクトにしておくと、写真の差し替えや、色を変えたいときなどに便利です。このデータでは、写真（drink-photo）と緑の背景（background）をスマートオブジェクトにしています。

❷左上のアートボード名「bn-1200-500」を選択すると、上下左右に［＋］マークが出てきます。option（Alt）キーを押しながら、右側の［＋］をクリックします。［レイヤー］パネルで複製したアートボード名を「bn-500-1000」に変更します。［属性］パネルで目的のサイズに変更したいところですが、［W：500px］にすると右側のオブジェクトが隠れて作業がしにくくなるので、ひとまず［H：1000px］だけ変更して作業を進めます。

❸アートボード「bn-500-1000」の要素を縦長に並べ替えていきますが、幅のサイズをわかりやすくするため［横：500px］の位置にガイドを作成します。［表示］メニューの［新規ガイド］を選択して、［方向：垂直方向］［位置：500px］と入力して［OK］します。ガイドが動かないように ⌘ ＋ ; （Ctrl ＋ ; ）キーでロックしておきます。

❹［レイヤー］パネルで「info」グループと「background」レイヤーを選択し、アートボードの左下に移動します。あとは［位置：500px］のガイド内に収まるように、完成図のように各レイヤーのレイアウトを調整していきます。完了したら、左上のアートボード名「bn-500-1000」を選択し、オプションバーで［幅：500px］と入力して Return（Enter）キーを押します。

XDを利用した
レイアウトをしよう

An easy-to-understand guide to web design

Lesson 08

Adobe CCの正式な製品としてリリースされたXDは、ディレクターやエンジニアなどが手早くアイデアを作成することもできれば、デザイナーがIllustratorやPhotoshopで作成したパーツを取り込んでレイアウトを作り込むこともできるツールです。このレッスンでは、XDのレイアウトに関する基本的な操作について見ていきます。

Lesson 08　XDを利用したレイアウトをしよう

8-1 ドキュメント・アートボード・グリッドを設定する

XDは、IllustratorやPhotoshopと比較するとかなりシンプルなUIで、はじめてでも気負わずに使い始められます。
まず新規ドキュメント作成や作業前の各種設定について確認しましょう。

新規ドキュメントを作成・保存する　　Lesson 08 ▶ Lesson 08.xd

あらかじめ「Creative Cloud」デスクトップアプリを利用してAdobe XDをインストールしておきましょう。

1 XDを起動するとスタート画面が表示され、サイズを指定して新規ドキュメントを作成することができます。今回は［iPhone 6/7/8］サイズのドキュメントを作成しますので、アイコンをクリックしてください。

2 iPhone 6/7/8サイズのアートボードが1つ用意されたドキュメントが作成されます。作業を始める前に［ファイル］メニューの［保存］を選択して、名前をつけて保存しておきましょう。

Windows版とMac版のXDの違い　CHECK!

XDはMacとWindowsの両対応ですが、Mac版が先に開発され、Windows版は一部機能の実装が遅れています。また、ユーザーインターフェイスが少し異なります。最大の違いは、メインメニューが異なることです。Mac版では画面上部にメニューバーがありますが、Windows版では左上の3本線メニューからドロップダウンの形式で開きます（Mac版の［ファイル］メニューに相当します）。Mac版にあるほかのメニューは、対象を右クリックしたコンテキストメニューか、ショートカットキーを使って実行するようになっています。これ以降の解説では、先行するMac版をベースに紹介します。

3 ドキュメント保存のダイアログボックスが表示されますので、「Lesson 08.xd」という名前を入力して❶、保存場所（ここではデスクトップ）を選択し❷、［保存］をクリックします❸。

3本線をクリックでメニューが開く

4 保存場所に「Lesson 08.xd」という名前のXDファイルができていればOKです。

134

レイアウトグリッドを設定する

ファイルを作成したら、次にレイアウト作業をサポートしてくれる「グリッド」を設定しましょう。
XDには「レイアウトグリッド」と「方眼グリッド」という2種類のグリッドが用意されています。
まずIllustratorやPhotoshopのガイドに近いレイアウトグリッドの設定方法を説明します。

1 レイアウトグリッドを設定するアートボードを選択する必要があります。ツールバーから［選択範囲］（選択）ツールをクリック❶し、アートボード左上のアートボード名「iPhone 6/7/8 -1」をクリック❷すると、アートボードが選択されます。

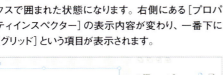

2 選択されたアートボードはブルーのバウンディングボックスで囲まれた状態になります。右側にある［プロパティインスペクター］の表示内容が変わり、一番下に［グリッド］という項目が表示されます。

3 ［グリッド］の左側のチェックボックスをクリック❶してオンにし、右側の［グリッドの種類］は初期設定の［レイアウト］❷にしておきます。

4 レイアウトグリッドが表示されました。数字を設定できる項目が4つありますが、［列：3］、［段間幅：20］、一番下［リンクされた左右のマージン：20］に設定します。すると［列の幅：98］は自動計算されます。

マージンは2種類の設定が選択可能   CHECK!

レイアウトグリッドに設定する数字のうち、一番下のラベルのない入力欄は［マージン］の設定で、アートボードの端からの余白の設定です。左側の［リンクされた左右のマージン］は左右のマージンを同じ数値で設定し、右側の［各辺に異なるマージンを使用］は上下左右4つの辺に異なる数値を設定可能です。必要に応じて使い分けてください。

［各辺に異なるマージンを使用］を設定した場合

方眼グリッドを設定する

方眼のグリッドも設定可能です。アートボードが選択された状態で、[グリッド] にチェックして❶[グリッドの種類] を [方眼] に変更しましょう❷。[方眼の大きさ] という入力欄が表示されます。試しに20と入力すると、方眼のピッチが20pxに変わります。

アートボードごとに異なるグリッドが設定できる　CHECK!

XDでは、アートボードごとに異なるグリッドを設定することが可能ですので、使い分けてみてください。グリッドの表示／非表示も、個別のアートボードごとに設定可能です。

アートボードを増やす

空白のアートボードを追加する

1 ツールバーから [アートボード] ツールを選択すると❶、プロパティインスペクターの表示が多様な端末サイズのリストに変化します❷。このリストの中から、利用したいサイズをクリックします。ここでは [Web1366] を選択します。

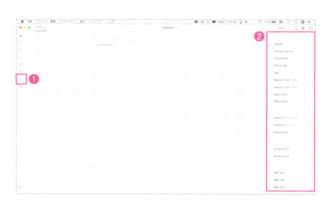

2 いままで作業をしていたアートボードの右側(もしくは下側)に、選択したサイズのアートボードが作成されます。

クリックで追加する　CHECK!

[アートボード] ツールを選択して、ペーストボードの任意の場所をクリックすると、一番最後に追加したサイズのアートボードがその方向に追加されます。

既存のアートボードを複製する

複製したいアートボード選択して、⌘+D (Ctrl+D) キーを押します([編集] メニューの [複製] のショートカット)。アートボードが複製されます。アートボード上にグリッドの設定や図形の描画がされている場合は、それらの要素も含めて複製されます。

8-2 基本的な図形とテキストを作成する

Webデザインでのレイアウト作業でよく利用される長方形や円といった基本的な図形の描画方法と、「ポイントテキスト」と「エリアテキスト」の2種類があるテキスト入力について解説します。

長方形と正円を描く

Lesson 08 ▶ 8-2 ▶ 08-02-01.xd

長方形を描く

1. サンプルファイル「08-02-01.xd」を開いて操作します。ツールバーから［長方形］ツールを選択し❶、アートボードの左上隅にマウスカーソルを合わせ、右下方向にドラッグします❷。

2. アートボードの左辺、上辺、右辺に接するようにアートボードの一番上に横長の長方形を描きましょう。XDは図形描画時にかなり強いスナップが働きますので、それを利用します。

正円を描く

1. 正円をレイアウトグリッド1列分ぴったりに描いてみましょう。ツールバーから［楕円形］ツールを選択します。

2. レイアウトグリッドの一番左のラインにマウスカーソルを合わせ、Shiftキーを押しながらグリッド1列分の幅にスナップするようにドラッグします。先にマウスボタンを放し、あとからキーを放すと、正円が描かれます。

エリアテキストを入力する

Lesson 08 ▶ 8-2 ▶ 08-02-02.xd

IllustratorやPhotoshopと同様に、矩形の中でテキストが自動で折り返す「エリアテキスト」と、手動で改行するまでどこまでも右側に伸びる「ポイントテキスト」の2種類を入力することができます。

1. ツールバーから［テキスト］ツールを選択し❶、レイアウトグリッドの中央と右側の2列の横幅にぴったりスナップさせたエリアを描きます❷。

2. 点線で囲まれたテキストエリアが描画されます。図のようにテキストを入力してください。長文は改行を入れなくても、自動的に右端で折り返されていきます。

フォントを変更する

1 入力したテキストのフォントを変更してみましょう。ツールバーから［選択範囲］（選択）ツールを選択し❶、作成したテキストエリアをクリックして選択します❷。

2 プロパティインスペクターの［テキスト］でフォントの詳細を設定します。次のように変更してみましょう（同じフォントがない場合は任意のフォントを選びます）。

- ［フォント：Kozuka Gothic Pr6N］
- ［フォントサイズ：18］
- ［フォントウェイト：M］
- ［行送り：23.4］（line-height：1.3相当）

CHECK!

XDでは和文のフォント名がアルファベット表記になる

本書執筆時点で、XDのプロパティインスペクターや［アセット］パネルでフォントを選択する際、和文のフォント名がアルファベット表記でしか選択できません。

COLUMN

エリアテキストのサイズ変更

エリアテキストのバウンディングボックスを横方向に変形すると、テキストの折り返し位置が変わります。また、エリアの大きさが不足してテキストがあふれているときは、エリアを選択すると下辺中央のハンドルに青い●が表示されます。下方向にドラッグしてエリアを拡大すると、隠れたテキストが表示されます。

引き下げると隠されたテキストが表示される

ポイントテキストを入力する

Lesson 08 ▶ 8-2 ▶ 08-02-03.xd

1 ［テキスト］ツールを選んでいる状態で、アートボード上のどこかをクリックします。点滅が始まり、その位置からテキストの入力が可能になります。

2 キーボードを半角英数入力に切り替え、「XD bakery」と入力してみましょう。

3 ［選択範囲］（選択）ツールを選択すると、入力した文字列のまわりにボックスが表示されます。エリアテキストと違い、白い丸の形をしたハンドルが1つしか表示されていないのがわかります。

ハンドルは1つだけ

4 このハンドルをつかんで下方向にドラッグすると、エリアの大きさが変わるのではなく、テキストのフォントサイズが大きくなっていきます。これがXDのポイントテキストの特徴です。

ハンドルを下にドラッグすると、フォントサイズが大きくなる

5 今回は、「XD bakery」というテキストをヘッダー部分に収まるようなフォントのサイズにし、[選択範囲]（選択）ツールを使って、アートボード上部の長方形の中央に移動させておきましょう。

COLUMN

ポイントテキストとエリアテキストの相互切り替え

ポイントテキストとエリアテキストは、何回でも相互に切り替えることができます。テキストが選択された状態で、プロパティインスペクターの[テキスト]セクション3行目右側に表示される2つ並んだアイコンが切り替えボタンです。クリックするとテキストを囲むボックスのハンドルが変化します。なお、エリアテキストからポイントテキストに変換する際、エリア右端で行が折り返されている部分は改行に変化しますので注意してください。

描いた図形やテキストに色を設定する Lesson 08 ▶ 8-2 ▶ 08-02-04.xd

描画した図形の塗りや境界線の色を変更する方法を理解しておきましょう。
XDでは、図形のデフォルトの[塗り]が#FFFFFF、[境界線]と[文字色]が#707070になっています。

塗りの色を変更する

1 [選択範囲]（選択）ツールを使い、アートボード上部に描いた横長の長方形をクリックして選択し❶、プロパティインスペクターの[塗り]の左側にあるカラーをクリックします❷。

2 カラーピッカーが表示されますので、ここでは[Hex]の欄に「#2D1F11」を数値入力し、Return（Enter）キーを押して確定します。カラーピッカーの外側をクリックすると、カラーピッカーが閉じます。

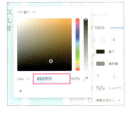

3 「XD bakery」テキストを選択し❶、同様にプロパティインスペクターの[塗り]の左側のカラーをクリックして❷[Hex]の欄に「#FFFFFF」と入力して❸確定します。

境界線をなしにする

1 横長の長方形長方形を選択し、プロパティインスペクターの[境界線]の左側にあるチェックを外します。

2 長方形の境界線が消え、塗りだけのオブジェクトになりました。

8-3 [アセット] パネルの活用

[アセット] パネルを利用すると、ドキュメント内でよく利用するカラー・文字スタイル・シンボルを登録して再利用することができます。
共通アセットの一括編集ができ、効率のよい作業をサポートしてくれます。

[アセット] パネルとは

XDのドキュメントを開くとレイヤーパネルと切り替えて左側に表示される [アセット] パネルは、
共通して利用するカラー・文字スタイル・シンボルという3種類のアセットを登録しておけます。
本書執筆時点で [アセット] パネルの内容は個々のドキュメントに紐づいており、
あるドキュメントで作成した [アセット] パネルを別のドキュメントにまとめて読み込むことはできません。

1 [アセット] パネルは、ドキュメントを開くと左側に表示されるパネルです。表示／非表示の切り替えは、ウィンドウ左下にある [アセット] アイコン❶をクリックします。

2 [アセット] パネルには、[カラー][文字スタイル][シンボル] という3種類の要素を追加することができ、複数のオブジェクトに対して繰り返し利用することが可能です。

> **CHECK!**
> **アセット名の変更と順序の並べ替え**
> アセットに登録したカラーやテキストをダブルクリックすると名前を変更でき、ドラッグ&ドロップで順序を入れ替えられます。

カラーの登録と再利用

 Lesson 08 ▶ 8-3 ▶ 08-03-02.xd

実際に [アセット] パネルにカラーを登録し、ほかのオブジェクトに対して
再利用する練習をしてみましょう。サンプルファイル「08-03-02.xd」を開いて操作してください。

［アセット］パネルにカラーを登録する

1 ツールバーから［選択範囲］（選択）ツールを選び❶、「001」という名前のアートボード上部にある横長の長方形をクリックして選択します❷。［アセット］パネルの［カラー］のセクションにある［選択範囲からカラーを追加］の［＋］アイコン❸をクリックします。

2 ［カラー］のセクションに、図形の塗りの色が登録されました。

登録された色を別の図形に再利用する

登録された色を、ほかの図形にも利用してみましょう。

1 ［選択範囲］（選択）ツールで、「002」という名前のアートボード上部にある横長の長方形をクリックして選択します。

2 ［アセット］パネルの［カラー］のセクションに登録済みの色をクリックします❶。選択された長方形の塗りが、［アセット］パネルに登録された色に変化しました❷。

［アセット］パネルに登録されたカラーを一括編集する

［アセット］パネルに登録されたカラーを編集し、そのカラーが適用されている複数のオブジェクトに一括で反映させましょう。

1 ［アセット］パネルに登録されたカラーの四角形を右クリックし❶、コンテキストメニューから［編集］を選択します❷。

2 カラーピッカーが表示されますので、［Hex］の欄に「#65421E」を数値入力し、Return（Enter）キーを押して確定します。

3 このカラーに紐づいた図形の塗りが、一括で編集されました。

COLUMN

選択したオブジェクトのカラーを一括登録する

［アセット］パネルには、複数のオブジェクトのカラーを一括で登録することが可能です。［選択範囲］（選択）ツールを使って、ドラッグで囲むように複数のオブジェクトを選んだのち、［アセット］パネルの［選択範囲からカラーを追加］をクリックすると、選択されたオブジェクトに指定された塗りと境界線の色すべてが、一気に［アセット］パネルに登録されます。

❶ アートボード全体を選択して
❷ ［＋］をクリック
❸ カラーが一気に登録される

Lesson 08　XDを利用したレイアウトをしよう

文字スタイルの登録と再利用

 Lesson08 ▶ 8-3 ▶ 08-03-03.xd

見出しやリンク色など、よく使う文字スタイルを［アセット］パネルに登録しておけば、カラーと同じように、再利用と一括編集が可能になります。

［アセット］パネルに文字スタイルを登録する

1　「001」アートボードに配置されている見出し「私たちについて」のテキストを、［選択範囲］（選択）ツールを使って選択します。

2　［アセット］パネルの［選択範囲から文字スタイルを追加］の［+］アイコンをクリックします。

3　［アセット］パネルに見出しの文字スタイルが登録されました。

登録された文字スタイルを別のテキストに再利用する

1　登録した文字スタイルを、ほかの見出しにも適用してみましょう。図と同様に、「002」アートボードにある「カンパーニュ」という見出しを選択します。

2　先ほど［アセット］パネルに登録した文字スタイルをクリック❶すると、文字列にスタイルが適用❷されます。

シンボルの登録と再利用

 Lesson08 ▶ 8-3 ▶ 08-03-04.xd

ヘッダー、フッター、ナビゲーションなど、Webサイトやアプリのデザインで繰り返し利用されるパーツは、［アセット］パネルに［シンボル］として登録しておきましょう。何回でも再利用できるうえ、配置した複数のシンボルの一括編集が可能なので、直しに強いデータを作成することができます。

142

8-3 ［アセット］パネルの活用

［アセット］パネルにシンボルを登録する

1 サンプルファイル「08-03-04.xd」を開いて操作します。「001」アートボード上部にあるロゴマークのパーツをシンボルとして登録します。［選択範囲］（選択）ツールで Shift キーを押しながらマーク部分とロゴタイプをクリックして両方選択してください。

2 ［アセット］パネルの［シンボル］のセクションにある［選択範囲からシンボルを作成］の［＋］アイコンをクリックすると❶、選んだパーツがひとまとまりのシンボルとして登録されます❷。

シンボルを複数配置する

作成したシンボルを、ほかのアートボードにもコピー＆ペーストしてみましょう。

1 ［選択範囲］（選択）ツールで「001」アートボード上のシンボルを選択し❶、［編集］メニューの［コピー］を選択します❷。

2 ペースト先の「002」アートボードを選択し❶、［編集］メニューの［ペースト］を選択します❷。アートボードの同じ位置にペーストされます❸。［選択範囲］（選択）ツールで複数のアートボードを選択しておくと、同じ場所に一気にペーストされます（「複数アートボードへのペースト」機能）。

［アセット］パネルからドラッグ＆ドロップで配置する

XDでは「別のアートボードにペーストすると基本的には同じ位置に配置される」という挙動を活かすために、ここではコピー＆ペーストでシンボルを複製しました。本来の［アセット］パネルの使い方としては、パネルに登録されたシンボルをアートボードの自由な位置にドラッグ＆ドロップして配置します。

複数配置されたシンボルを一括編集する

アートボード「001」「002」にそれぞれ配置されたシンボルの色を、一括で変更してみましょう。

1. ［選択範囲］（選択）ツールを使って、どれかひとつのシンボルのマークの部分をダブルクリックすると、編集モードに入ります。

2. 上部のマーク部分を［選択範囲］（選択）ツールでクリックして選択し❶、プロパティインスペクターの［塗り］のカラーをクリックして❷、表示されるカラーピッカーの［Hex］の欄に「#DEC7AF」と入力し❸、Return（Enter）キーを押して確定します。

3. ［アセット］パネルに登録されたシンボルを含め、ドキュメント上のすべてのシンボルに変更が反映されます。Escキーを押すと、編集モードから抜けます。

CHECK！ XDのシンボルは個別に拡大縮小できない

Illustratorのシンボル機能とは異なり、XDで作成したシンボルは個別に拡大縮小ができません（本書執筆時点）。どうしても必要な場合は、対象のシンボルを選択して［オブジェクト］メニューから［シンボルグループから解除］を選択してシンボルとは切り離し、バウンディングボックスを使って拡大縮小しましょう。

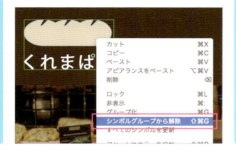

COLUMN XDのシンボルは個別にテキストと写真の編集が可能

XDのシンボルはちょっと不思議な特徴を持っており、オブジェクトの色と位置に関しては一括編集されますが、テキストと写真の編集は個別にできます。試しに「08-03-04c.xd」で、ボタンのシンボルのどれかひとつをダブルクリックして、テキストを書き換えてみてください。テキストの編集がほかのシンボルに反映されることはありません。編集したシンボルを右クリックして「すべてのシンボルを更新」を選ぶと、すべてのシンボルに反映されるしくみになっています。

8-4 写真データをXDに取り込む

XDでは、ビットマップ画像の編集はできません。写真編集はPhotoshopなどでおこない、そのデータをXDに取り込んでいきましょう。写真をXDドキュメントに配置する方法はいくつかあります。

メニューから画像を読み込む

Lesson 08 ▶ 8-4 ▶ 08-04-01.xd、imagesフォルダー

1 画像を配置したいアートボードを選んで、[ファイル]メニューの[読み込み]を選択します。

2 ファイル選択（Windowsは[開く]）ウィンドウから、「8-4」→「images」フォルダーにある画像ファイル「007.jpg」を選択し❶、[読み込み]ボタンをクリックします❷。

3 アートボードに画像が読み込まれました。バウンディングボックスを使って、サイズ変更をすることも可能です。

CHECK! XDファイルに読み込める画像形式について

XDに読み込める画像のデータ形式は、PNG、JPG、TIFF、GIF、SVGです（本書執筆時点）。AI、PDFを読み込むことはできません。なおPSDは、XDに配置はできませんが、XDで開くことができます。

ドラッグ&ドロップで配置する

Lesson 08 ▶ 8-4 ▶ 08-04-02.xd、imagesフォルダー

1 Finderまたはエクスプローラー上で画像ファイルが入っている「images」フォルダーを開きます。

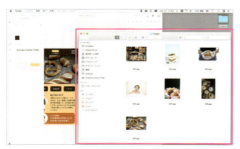

2 XDの画面に移動し、「images」フォルダーが見えるようにウィンドウ幅を調整します。配置したい画像「003.jpg」をフォルダーからXDのペーストボードに、ドラッグ&ドロップします。

Lesson 08 XDを利用したレイアウトをしよう

3 アートボードに画像が読み込まれます。バウンディングボックスでサイズ変更をできます。

CHECK!

画像は埋め込まれる

IllustratorやPhotoshopでは、画像を配置する際に「リンク」と「埋め込み」が選べます。XDの場合すべて「埋め込み」になります。元の写真ファイルがなくても、XDファイルだけで必要なデータが完結します。

読み込んだ写真をシェイプでマスクする

Lesson 08 ▶ 8-4 ▶ 08-04-03.xd

読み込んだ画像は、IllustratorやPhotoshopと同様に任意のシェイプでマスクすることができます。

1 画像を読み込んで、使いたいアートボードに配置しておきます。

2 ［長方形］ツールで、画像の上に切り抜きたいサイズで描画します。

3 ［選択範囲］（選択）ツールで、Shiftキーを押しながら、画像と長方形を同時に選択し❶、［オブジェクト］メニューの［シェイプでマスク］を選択します❷。

4 画像が長方形のシェイプでマスクされました。

CHECK!
マスクに利用できるシェイプは長方形だけではない

シェイプは[楕円形]ツールで描画した円でも、[ペン]ツールで描画した自由なパスでも、同様に画像をマスクすることが可能です。また、Illustratorで作成したパスをXDにコピー&ペーストすることで、マスク用のシェイプとして利用できる場合もあります（複雑な複合パスだとうまくいかないこともあります）。

シェイプにドラッグ&ドロップして配置する

Lesson 08 ▶ 8-4 ▶ 08-04-04.xd、imagesフォルダー

XDには、Illustratorにはない独特な画像読み込みの挙動があります。
すでに描かれたシェイプの中に画像をドラッグ&ドロップする手法です。詳細を見てみましょう。

1 アートボード上に、[楕円形]ツールで[Shift]キーを押しながらドラッグして正円を描いておきます。

2 Finderまたはエクスプローラー上で、画像ファイルが入っている「images」フォルダーを開きます。

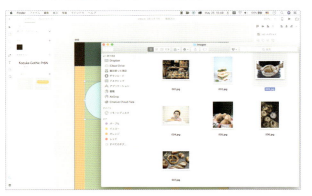

3 XDの画面に移動し、フォルダーから配置したい画像ファイル「006.jpg」をXD上の正円に重ねるようにドロップします。正円がブルーになったら、画像がシェイプ内に読み込まれる印です。マウスボタンを放しましょう。

ドラッグ&ドロップ

4 正円の中に自動的に画像が読み込まれました。[選択範囲]（選択）ツールでダブルクリックすると、写真の位置を調整できます。

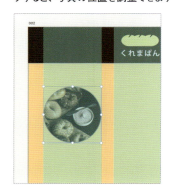

Lesson 08　XDを利用したレイアウトをしよう

8-5 CCライブラリを利用した
アセット共有

6-1で紹介したCreative Cloudライブラリ（以下CCライブラリ）は、XDでは［CCライブラリ］パネルから利用できます。IllustratorやPhotoshopで登録したベクトルデータ、カラー、写真などをXDのドキュメント上で活用できます。

IllustratorのアイコンをXDで利用する

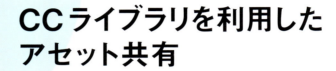
Lesson08 ▶ 8-5 ▶
08-05-01.ai、08-05-01.xd

Illustratorで作成したベクトルデータを［CCライブラリ］パネルに登録し、XDのドキュメント内でドラッグ&ドロップして配置することができます。Illustratorでサンプルファイル「08-05-01.ai」を開いて操作してください。

Illustratorで新規ライブラリを作成する

1 Illustratorで［ウィンドウ］メニューの［ライブラリ］を選択して［CCライブラリ］パネルを表示します。右上のパネルメニュー❶を開き、［新規ライブラリ］を選択します❷。

2 ［新規ライブラリを作成］ダイアログボックスで、ここでは「XDレイアウト用」とライブラリ名を入力し❶、［作成］ボタンをクリックしましょう❷。

3 ドロップダウンメニューに「XDレイアウト用」と表示され、何も登録されていない空っぽのライブラリが作成されました。

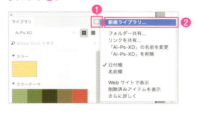

COLUMN　ライブラリはプロジェクトごとに分けて整理しよう

［CCライブラリ］パネルの中には複数のライブラリ（フォルダーのような入れ物）を作成して、個別の名前をつけることができます。プロジェクトに応じてライブラリを作成し、カラーや素材を分けて登録しておくと、整理しやすく便利です。

Illustratorで作成したアイコンを登録する

1 ツールバーから［選択］ツールを選び、アートボード中央にあるアイコンを選択して［CCライブラリ］パネルの中に、ドラッグ&ドロップします。

2 ［グラフィック］のセクションに、アイコンが登録されました。マウスカーソルを重ねると「アートワーク1」という名前が表示されます。

3 わかりやすい名前をつけます。「アートワーク1」の部分をダブルクリックすると編集モードに変わりますので、「logo」と入力して[Return]([Enter])キーを押して確定します。

> **COLUMN**
>
> **CCライブラリはAdobeのさまざまなアプリを横断して利用可能**
>
> Illustratorで作成したライブラリは、同じAdobe IDでログインして利用中のPhotoshop、XD、Dreamweaverなど、ほかのアプリケーションにも同期されます。また、Capture CCなどのAdobeのモバイルアプリにも、同じように同期されます。

登録したグラフィックをXDで利用する

登録したグラフィックをXDの[CCライブラリ]パネルから利用してみましょう。

1 XDで新規ファイルを作成し、[ファイル]メニューの[CCライブラリを開く]を選択します。

2 [CCライブラリ]パネルが開きます。上部のドロップダウンメニューをクリックして、Illustratorで作成した「XDレイアウト用」を選択します❶。[グラフィック]のセクションに登録したアイコンが登録されていますのでXDのアートボードにドラッグ&ドロップして配置します❷。

3 配置されたアイコンを選択すると黄緑色のバウンディングボックスで囲まれ、左上に鎖のアイコンが表示されます。これは、CCライブラリのアセットとリンクされた状態であることを表しています。

CCライブラリに登録したグラフィックを編集する

CCライブラリ上で編集する内容は、XDのアートボード上に配置したアイコンにも反映されることを試してみましょう。

1 [CCライブラリ]パネル上の「logo」アイコンを右クリックし❶、コンテキストメニューの[編集]を選択します❷。

2 Illustratorが自動的に起動して画面が切り替わり、ライブラリに登録されたアイコンのデータが開きます。試しにオブジェクトの塗りの色を変更してみましょう。

3 ⌘+[S]([Ctrl]+[S])キーを押して編集内容を保存します。Illustratorの[CCライブラリ]パネル内にも編集内容が反映されていることを確認してください。

4 アプリケーションを切り替え、XDの画面に戻ると、XD側にも変更が反映されています。

> **CHECK!**
>
> **編集内容がすぐに反映されない場合**
>
> Illustratorでの編集がXDのドキュメントに反映されるまで、タイムラグがあることがあります。どうしても編集内容が反映されない場合は、一度XDのファイルを保存して閉じたのち、再度開いてみてください。

Photoshopで編集した写真をXDで利用する

XDではビットマップ画像の編集はできません。Photoshopで編集した写真をCCライブラリを使ってドキュメント上に配置すると、あとから再編集もできるので非常に便利です。Photoshopでサンプルファイル「08-05-02.psd」を開いて操作してください。

Lesson 08 ▶ 8-5 ▶
08-05-02.psd、08-05-02.xd

Photoshopで編集した画像をCCライブラリに登録する

1 写真のコントラストを強くします。[レイヤー]パネル下部にある[塗りつぶしまたは調整レイヤーを新規作成]ボタンをクリックして❶、[レベル補正]を選択します❷。

2 [属性]パネルが開きます。右側の白色点(白い三角形)を左にスライドして❶数値を230に、左側の黒色点(濃いグレーの三角形)を右にスライドして❷数値を20にしてください。

3 [レイヤー]パネルには、「レイヤー1」の上に「レベル補正 1」レイヤーが追加されました。

4 [CCライブラリ]パネルのタブをクリックして(タブがない場合は[ウィンドウ]メニューの[ライブラリ]を選択して)表示してください。

5 [CCライブラリ]パネル上部のドロップダウンメニューから「XDレイアウト用」ライブラリを選択します❶。[レイヤー]パネルで2つのレイヤーを Shift キーを押しながらクリックして両方選択し❷、[CCライブラリ]パネル上にドラッグ&ドロップします❸。

6 [CCライブラリ]パネルに「レベル補正 1」という名前でグラフィックが登録されます。名前の部分をダブルクリックで編集可能な状態にして、「bread」に変更しましょう。

COLUMN

グラフィックはレイヤー情報を保持している

[CCライブラリ]パネルに登録したグラフィックは、内部にレイヤー情報を保持しています。そのためグラフィックをXDドキュメント上に配置したのちにもレイヤーの表示変更や再編集が可能で、直しに強いデータとなっています。

登録したグラフィックをXDで利用する

登録したグラフィックをXDの［CCライブラリ］パネルから利用してみましょう。
XDでサンプルファイル「08-05-02.xd」を開いて操作してください。

1. ［CCライブラリ］パネルを開き、上部のドロップダウンメニューから「XDレイアウト用」を選択します❶。［グラフィック］のセクションにPhotoshopで登録した「bread」という名前の写真が入っていますので、アートボード上にドラッグ&ドロップします❷。

2. 写真が配置されます。左上には鎖の形をしたアイコンが表示され、CCライブラリのアセットとリンクされた状態であることがわかります。四隅と辺の中央にあるハンドル［○］のどれかをドラッグして利用する大きさに縮小してください。

XDでの画像の拡大縮小と変形　CHECK!

配置した画像を選択するとバウンディングボックスが表示され、ドラッグしてサイズの変更ができます。XDではShiftキーを押さなくても常に縦横比率を保持したまま拡大縮小されます。比率を変更して変形することはできません。

CCライブラリに登録したグラフィックを再編集する

1. ［CCライブラリ］パネルに登録されている「bread」の写真を右クリックして表示される［編集］メニューを選択します。

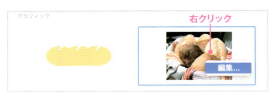

2. 自動的にPhotoshopが起動し、「bread」の写真が開きます。［レイヤー］パネルで［新規レイヤーを作成］ボタン❶をクリックして「レイヤー1」を追加しましょう❷。

3. ［ブラシ］ツールを使って「レイヤー1」に自由に書き込みをしたあと、ファイルを保存してください。

4. XDの画面に戻ると、［CCライブラリ］パネル内の写真も、アートボード上の写真も、編集が反映されています。

CCライブラリ上のデータと同期について　CHECK!

CCライブラリに登録されたグラフィックは、元のAIやPSDファイルとは別の複製されたデータになっています。編集しても登録元のファイルには反映されません。CCライブラリに登録されたデータを変更して保存した場合、変更後のデータをほかのアプリで利用するには、インターネット経由でCCライブラリの内容を同期させる必要があります。ただし、同じマシンでアプリを利用している場合は、オフラインでも同期される場合があります。

Lesson 08　XDを利用したレイアウトをしよう

8-6 リピートグリッドで繰り返しを作成する

「リピートグリッド」は、繰り返しの要素を簡単に作成できる便利な機能です。
IllustratorにもPhotoshopにもないXDならではの操作感ですが、
難しくないのですぐに慣れるでしょう。

リピートグリッドの作成方法

 Lesson 08 ▶ 8-6 ▶ 08-06-01.xd

Webサイトやネイティブアプリでは、「新着記事一覧」や「商品リスト」などのように同じコンポーネントを繰り返すUIがよく利用されます。そういったUIデザインを作成するときに大活躍してくれるのが、リピードグリッド機能です。

オブジェクトを選択してリピートグリッドに変換する

サンプルファイル「08-06-01.xd」を開いて操作してください。アートボードの中央あたりに、「レシピサイトの新着記事一覧」のためのコンポーネントがひとつ用意されています。コンポーネントは以下の4つのオブジェクトで構成されています。これをリピートグリッドの機能を使ってアートボード上で繰り返していきます。

❶ドラッグ&ドロップで配置した写真を正方形でマスクしたもの
❷ポイントテキストで入力したキャッチコピー
❸エリアテキストで入力した記事タイトル
❹ポイントテキストで入力した調理時間

1 ツールバーから[選択範囲]（選択）ツールを選択し、4つのオブジェクトを囲むようにドラッグしてすべて選択します。

2 オブジェクトが選択された状態で、プロパティインスペクター上部にある[リピートグリッド]ボタンをクリックします。

3 4つのオブジェクトがグループ化され、黄緑色の点線で囲まれた状態になりました。右と下の辺に白くて長いハンドルが表示されるのが、リピートグリッドの特徴です。

8-6　リピートグリッドで繰り返しを作成する

リピートグリッドの機能で繰り返し部分を作成する

リピートグリッドの下辺中央にあるハンドルを下方向にドラッグすると、コンポーネントが繰り返し表示されます。

CHECK! 縦方向にも横方向にも繰り返し可能

この作例では下方向だけにリピートグリッドの繰り返しを作成しましたが、右辺中央についているハンドルを使えば、右方向にも繰り返すことが可能です。

行や列の間隔を編集する

繰り返された行・列の間隔は初期設定で20pxですが、これを変更してみましょう。［選択範囲］（選択）ツールで行・列の間にカーソルを重ねると、ピンクの帯（列インジケータ）が表示されます。

カーソルを帯の端に合わせドラッグします。ドラッグしている間、列間の距離がピンク色の数字で表示されます。30に調整してマウスボタンを放します。1つの列インジケータを修正すると、すべての行間または列間が同期して修正されます。

リピートグリッド内に個別の要素を設定する

Lesson08 ▶ 8-6 ▶ 08-06-02.xd、imagesフォルダー

「新着記事一覧」や「商品リスト」のようなUIデザインを検討する際、繰り返し部分のコンテンツがすべて同じでは現実感がありません。文字数が多い場合／少ない場合に応じたデザイン調整を検討するなど、考え得るさまざまな状況にできるだけ近づけてみましょう。そのためには、リピートグリッド内の写真やテキストを、それぞれ異なる内容に簡単に置き換える機能を使います。

個別の写真を設定する

「レシピ記事一覧」のリピートグリッドの中の3枚の写真を、一気にそれぞれ違う写真に変更してみましょう。

1. 配置するJPG画像が入っている「8-6」→「images」フォルダーをFinderまたはエクスプローラーで開き、画像のアイコンが見えるようにしておきます❶。3枚のJPG画像をすべて選択し、XDのリピートグリッドの一番上にある写真に確実に重なるように、ドラッグ＆ドロップします❷。

153

2 リピートグリッド内の写真が、すべて異なる写真に置き換わりました。

CHECK! 同じ方法で配置した写真のみ置き換えられる

リピートグリッドを作成するときの最初の写真を[CCライブラリ]からドラッグ&ドロップして配置していた場合、Finderまたはエクスプローラー上のフォルダーから配置する写真では置き換えることができません。逆にFinderまたはエクスプローラー上のフォルダーから配置した写真を[CCライブラリ]から配置する写真で置き換えることもできませんので注意してください（本書執筆時点）。

個別のテキストを設定する

日付や記事などのテキストも、一気に複数の内容に差し替えることが可能です。
「レシピ記事一覧」のタイトル部分を違う内容に変更してみましょう。

1 差し替えに利用するテキスト要素は、拡張子が「.txt」のプレーンテキストで用意しておきます。サンプルファイル「08-06-02.txt」をテキストエディタで開いて内容を確認してください。テキストは必ず「1要素が1行」となるように入力するのがポイントです。

2 Finderまたはエクスプローラーで「8-6」フォルダーを開いて「08-06-02.txt」のアイコンを選択し、XDのリピートグリッドの一番上にある記事タイトル部分に確実に重なるようにドラッグ&ドロップします。

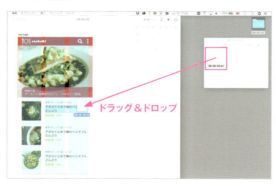

3 リピートグリッド内で繰り返された記事タイトルが、一気に個別の文字列に置き換わりました。

リピートグリッド内の要素を編集する

リピートグリッドを作成したあとも、コンポーネント内の要素を編集することができます。リピートグリッドは一種のグループで、ダブルクリックすると編集モードに変わり個別要素を編集できます。

要素の位置を一気に変更する

1 ［選択範囲］（選択）ツールで、リピートグリッド上のどこかをダブルクリックします。

8-6 リピートグリッドで繰り返しを作成する

2 リピートグリッドを囲む黄緑色の点線が、ダブルクリックしたコンポーネントを囲む、薄い青の太い線に変化します。コンポーネント内の個別要素を動かせる編集モードに変わった印です。

線が変化

3 ［選択範囲］（選択）ツールを使って「調理時間」のポイントテキストをドラッグし、コンポーネント内で右揃えになるように変更してみましょう。

4 1つのコンポーネントの要素の位置を変更すると、リピートグリッド内の同じ要素の位置がすべて連動して変化します。Escキーを押すと編集モードから抜けることができます。

すべて連動する

テキストの内容を1カ所だけ変更する

リピートグリッドの編集では、写真の差し替え、要素の位置、大きさ、色の変更は連動しますが、テキスト内容の変更は個別におこなうことができるようになっています。

1 リピートグリッドをダブルクリックして編集モードに入り、［テキスト］ツールを使って変更したい文字列を選択し、編集してみましょう。

ダブルクリック

2 ここでは一番上の「調理時間」を15分に書き換えます。この編集は、繰り返されたほかのテキスト要素に反映されないことを、確認してください。Escキーを押して編集モードから抜けます。

ここだけ書き換える

> **CHECK!**
> **ショートカットでリピートグリッドやグループ内の要素を選択する**
>
> リピートグリッドの編集モードに入るにはダブルクリックしますが、リピートグリッドやグループ内の要素をすぐに直接選択できるショートカットがあります。⌘（Ctrl）キーを押しながら、［選択範囲］（選択）ツールで目的の要素をクリックすると、深くネストされたリピートグリッドやグループの中にあったとしても、直接その要素を選択することが可能です。

Lesson 08 ─ 練習問題

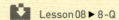

XDを使って、図のような
「写真、日付、記事タイトルが繰り返されているUI」を
作成してみましょう。

❶iPhone 6/7/8サイズのアートボードを作成し、名前部分を選択範囲ツールでクリックして選択します。
❷プロパティインスペクターの［グリッド］下部のチェックボックスにチェックを入れ、ドロップダウンメニューから［レイアウト］を選択します。
❸表示された設定欄で、［列］3、［段間幅］20、［リンクされた左右のマージン］20と設定します。［列の幅］は自動的に98になります。
❹［楕円形］ツールを使い、Shiftキーを押しながら、上記で作成した列1つ分の正円を描きます。
❺デスクトップ上にJPG写真を用意し、アートボード上の正円めがけてドラッグ＆ドロップします。正円の中に写真が入ります。
❻［テキスト］ツールを選び、クリックして「2018/10/15」というように日付を入力します。入力し終わったらEscキーを押し、入力状態から抜けましょう。
❼［テキスト］ツールを使い、今度はレイアウトグリッド2列分のテキストエリアを描画します。20文字程度のダミーのタイトル文字列を入力しましょう。
❽［選択範囲］（選択）ツールを利用し、写真、日付、タイトルを並べます。ピンク色のスマートガイドを見ながら、位置が合っているかどうか確認できます。
❾3つの要素を選択し、プロパティインスペクター上部にある［リピートグリッド］ボタンをクリックしましょう。
❿周囲が黄緑色の点線で囲まれますので、下辺中央のハンドルを下方向に伸ばします。

XDを利用した
プロトタイプ作成を
学ぼう

An easy-to-understand guide to web design

Lesson 09

XDの最大の特徴は、ワイヤーフレームやレイアウトを組んだのち、プロトタイプを作成できることです。プロトタイプをCreative Cloudで公開すると、ブラウザでプレビューできます。チームメンバーやクライアントといっしょにプロトタイプの検討をして、ブラウザからコメントを集約することもできます。

9-1 プロトタイプとは

プロトタイプをつくる意味を考えてみましょう。
チームメンバーの意思疎通に役立つだけでなく、
個人で制作する場合にも意味がないわけではありません。
プロトタイピングが普及した背景を理解しましょう。

プロトタイプの効用

WebサイトやアプリのUI設計を慣れ親しんだPhotoshopやIllustratorで進めるのは日本では広く普及している手法ですが、「静止画状態のみで画面（情報）設計をする」というのは、プロジェクトを進める際に問題が起きることもあります。

PhotoshopやIllustratorは、美しいグラフィックを細かくつくり込むのには適したアプリケーションです。しかし、「ここをクリック（タップ）したら、ここに遷移する」「このボタンを押すとこう変化する」というインタラクティブな状態を設計することはできません。そのため、コードを書いたあとに「こんな動きのイメージではなかった」というような齟齬が発生したり、場合によってはかなり前の段階に戻って修正したりという問題をはらんでいます。

こんな状態を解消するひとつの手段が、プロトタイプの作成（プロトタイピング）です。画面遷移やインタラクションなど「サイトやアプリ内での導線」の原型をできるだけ簡易な手法で作成し、開発行程の早い段階で問題点を見つけて修正しながら進めていくやり方です。こまめに動作のイメージをつかみながら関係者の合意を形成し、プロジェクトが進んだ後の大幅な手戻りを避けやすいのが、最大のメリットといえるでしょう。

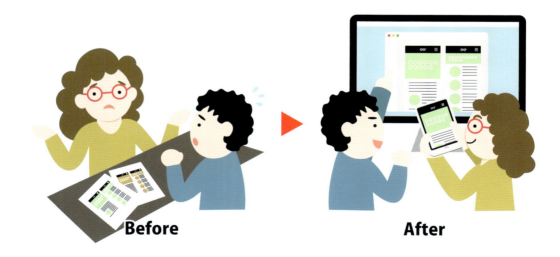
Before ▶ After

ワークフローの中のプロトタイプ

Webサイトやアプリ制作のどの段階で、どのようにプロトタイプを活かすのが効果的なのか考えてみましょう。

ワイヤーフレーム段階で短時間でUIを試す

ひとつのパターンとしては、細かいグラフィックを制作せず、いわゆる「ワイヤーフレーム」レベルの見た目で、思いついた動作のアイディアを短時間で試す、という用法があります。制作に必要な時間を最低限に抑え、画面遷移や情報設計の妥当性を検討することができます。

CHECK!
ワイヤーフレーム作成で役立つUIキット

いくらワイヤーフレームレベルの制作とは言っても最低限の見た目は整えたい。そんな人に便利なのが、コピー＆ペーストで利用できるUIキットです。本書で紹介するXDでは、スタート画面のリンクから各種UIキットをダウンロードすることが可能です。

実際に近いデザインまでつくり込む

実際に近いデザインの動作イメージをチェックするために、実装できるレベルまで精緻につくり込んだグラフィックを配置して、プロトタイプをつくることもできます。ワイヤーフレームレベルのプロトタイプを何回か試したあと、採用された案を精緻につくり込むのもよいでしょう。クライアントに公開してイメージと違うところがないか確認してもらったり、テストユーザーを実施してUIを評価してもらうこともできます。

XDだけでリッチなグラフィックを作成するのが難しい場合は、PhotoshopやIllustratorで作成したレイアウトをXD上に配置し、画面遷移の設定をすることもできます。CCライブラリを使うことで簡単にアセットの共有が可能ですので、用途に応じた最適なアプリケーションを使い分けるのがよいでしょう。

COLUMN
さまざまなプロトタイプ作成ツールを比較／併用する視点を持とう

プロトタイプ制作／UI設計のツールは、本書で紹介するXDだけではなく、Prott、Sketch＋Craft、InVision Studio、Figma、ProtoPieなどなど、百花繚乱の様相を呈しています（15-1参照）。データ連係をしやすいもの、グラフィック制作がしやすいもの、アニメーションを細かくつくり込めるものなど、それぞれ得意なポイントが異なりますので、チームメンバーの利用状況やプロジェクトの要件に合わせて、比較検討してみるのもよいでしょう。

Lesson 09　XDを利用したプロトタイプ作成を学ぼう

9-2 XDでプロトタイプを作成してプレビューする

Lesson08でXDのデザイン機能を紹介しましたが、
制作したレイアウトデザインをプロトタイプにして共有することができます。
XDを使ってページ遷移などの動作をレビューする方法を学んでいきましょう。

プロトタイプモードに切り替える

Lesson09 ▶ 9-2

XDのデザインモードでデザインカンプのレイアウトを終えたのち、プロトタイプ作成を始めるには、モードを切り替える必要があります。

プロトタイプモードへの切り替え

1 XDドキュメントを開いたウィンドウの左上にある［プロトタイプ］のタブをクリックすると❶、プロトタイプモードに切り替わります。右側のプロパティインスペクターが非表示になります❷。

2 プロトタイプモードではツールバーの中が［選択範囲］（選択）ツールと［ズーム］ツールのみになり、描画系ツールがなくなって、オブジェクトの描画ができなくなります❶。［選択範囲］（選択）ツールを使ってオブジェクトを選択すると青くハイライトされ、画面遷移やインタラクションの設定をしたり、設定を確認できます❷。

CHECK! プロトタイプモードでもテキストの編集などは可能

描画系ツールが非表示になるプロトタイプモードでも、実はオブジェクトの移動やテキストの打ち替えなどの簡単な操作はできます。試しに［選択範囲］（選択）ツールでテキストをダブルクリックしてみてください。デザインモードに戻らなくても、文章を書き換えることができます。

画面遷移とインタラクションの設定

実際に複数のアートボードを使って画面遷移とインタラクションを設定していきましょう。
サンプルファイル「09-02-01.xd」を開き、プロトタイプモードに切り替えて操作してください。

9-2 XDでプロトタイプを作成してプレビューする

クリック／タップでの遷移先を設定する

1 ［選択範囲］（選択）ツールで、アートボード「top-page」上にあるリピートグリッドをダブルクリックし、一番上のグループを選択します。グループが青くハイライトされ、右側に青いタブが表示されます。

2 青いタブをつかみ、行き先となるアートボード「individual-page」に重なるようにドラッグします。アートボード「individual-page」が青い枠で囲まれた状態になったらマウスボタンから手を放します。

3 アートボード「top-page」とアートボード「individual-page」のつながりを示す青い線が表示され、詳細設定用のポップアップが表示されます。詳細はあとで設定するので、Escキーを押してリピートグリッドの編集モードから抜けます。

ここまでの操作で、トップページの記事一覧の一番上をタップしたら詳細ページに遷移し、詳細ページでロゴマークをタップしたらトップページに戻る、という導線をつくることができました。

4 同様にアートボード「individual-page」の上部にあるロゴマークをダブルクリックして選択し❶、右側の青いタブをアートボード「top-page」の上までドラッグして❷、接続しましょう。

CHECK！ プロトタイプモードでのオブジェクトの選択

ここまでの例で見たように、クリックやタップに反応するエリアを設定するには、リピートグリッドの一部だけを選択することもできますし、リピートグリッドになっていない独立したグループを選択することも可能です。また、名前部分をクリックしてアートボードを選択し、アートボード全体をクリックやタップに反応するエリアとして利用することも可能です。

インタラクションを設定する

インタラクションとは「対象をクリック／タップしたときの反応」のことです。リンクで遷移先の画面にどのように変化／表示させるか検討して設定します。インタラクションを設定するには、青い線の根元の部分をクリックします。アートボード「top-page」のリピートグリッド一番上に設定したものをクリックすると、再びポップアップが表示されますので、上からひとつずつ必要なものを設定していきましょう。

Lesson 09 XDを利用したプロトタイプ作成を学ぼう

❶ [トランジション] もしくは [オーバーレイ] の切り替えボタン
アートボードAからアートボードBへ完全に遷移させるには [トランジション] を選択し、アートボードAを残したまま上にアートボードBを重ねるには [オーバーレイ] を選択します。今回の練習では [トランジション] を選びましょう。

❷ [ターゲット]
クリック／タップした際に遷移する行き先です。先ほどドラッグで接続したアートボード名が表示されています。ドロップダウンメニューで変更することもできます。すでに「individual-page」になっているので、このままにしておきます。

❸ [トランジション]
画面が切り替わるときの動き方の指定です。ドロップダウンメニューから10種類の動き方を選択することができます。

❹ [イージング]
画面遷移におけるスピード変化の設定です。[イーズアウト] は徐々に遅く、[イーズイン] 徐々に速く、[イーズイン／アウト] は最初は加速して最後は減速、[なし] は等速、という設定になります。ここでは、[イーズイン／アウト] を選んでみましょう。

❺ [継続時間]
画面遷移にかかる時間の設定です。今回は少しゆっくり動作させるため [0.8秒] にします。

❻ [スクロール位置を保持]
長い画面下部にあるボタンをクリックした際、遷移先ページの最上部にスクロールが戻ってしまうのを防ぐことができます。いまは、[スクロール位置を保持] はチェックしないでください。

> ### [ターゲット] は [ひとつ前のアートボード] という設定が可能
> CHECK!
>
> [ターゲット] のデフォルト値は、手作業で接続したアートボード名になっていますが、ドロップダウンメニューを開いてみると、[ひとつ前のアートボード] という選択肢があることがわかります。これは、「さまざまな経路からたどりつく画面」があるときにとても便利で、どんな画面から遷移してきても、ひとつ前の画面に戻すことができるというオプションです。プロトタイプが複雑になってきたとき、活躍してくれるでしょう。

プロトタイプのプレビュー

ここまで作成してきたプロトタイプの動きをプレビュー（動作確認）してみましょう。制作中のXDファイルでも、いつでも好きなときにプレビューすることができます。プレビューする方法はいくつかありますが、まずXDデスクトップアプリ内で確認する方法を解説します。引き続き（または「09-02-02.xd」を開いて）操作してください。

1 図を参考に、ウィンドウ右上にある [デスクトッププレビュー]（▶のアイコン）をクリックします。

2 プレビューウィンドウが表示されます。これまでの設定作業により、図で示した部分にリンクが設定されていますので、クリックしてみてください。

3 設定がうまくいっていれば、アートボード「individual-page」に遷移します。表示されたアートボード「individual-page」上部のロゴマークをタップし、設定通りトップページに戻ることを確認しましょう。

COLUMN

縦に長いアートボードのプレビュー

このサンプルは、初期設定のアートボードより長いサイズで作成しています。そのため、プレビュー時には、375×667のiPhone 6/7/8サイズより下にはみ出た部分はスクロールしないと閲覧できません。XDのプレビュー時に最初に表示されるエリアは「ビューポート」と呼ばれ、デフォルトサイズより縦に長いアートボードを選択したとき左下に表示されるタブ（つまみ）を使って設定することができます。

［スクロール位置を保持］の利用場面

サンプルファイル「09-02-03.xd」を開いて操作してください。縦に長いアートボードが2つあり、アートボード「001」の下部にタップで開閉するメニューがあります。右隣のアートボード「002」はほとんど同じレイアウトですが、下部の詳細部分が開いており、［閉じる］ボタンに差し替わっています。このように、長い画面の下部で、タブの切り替えやボタンの色変化など、画面の位置を変えずに状態変化を設定したい場合には、［スクロール位置を保持］の設定をしておくと、意図したとおりにプレビューすることができます。

1 プロトタイプモードに切り替わっていることを確認し、アートボード「001」上の［北海道］からアートボード「002」に向けて画面遷移を設定しましょう。

2 このままの状態で、プレビューしてみましょう。アートボード「001」上の［北海道］をタップすると、アートボード「002」の最上部に遷移してしまいます。

3 詳細設定のポップアップを再度開き、［スクロール位置を保持］にチェックを入れます。

4 もう一度プレビューします。アートボード「001」上の［北海道］をクリックすると、アートボード「002」の同じ位置に遷移し、リストが開く動作を確認することができました。

［オーバーレイ］の利用場面

元のアートボードを残したまま、小さめのパーツを上に重ねて表現したい場合には、［オーバーレイ］の機能を使うと便利です。サンプルファイル「09-02-04.xd」を開いて操作してください。

1 地図上にいくつかピンが立っているアートボード「001」と、場所詳細のパーツだけが用意されているアートボード「002」の2つが準備されています。アートボード「001」のピンをタップすると場所の詳細が表示されるように［オーバーレイ］機能を使って表現してみましょう。

2 プロトタイプモードで地図上にあるピンのパーツを選択し❶、青いケーブルをアートボード「002」に向かってドラッグして接続します❷。

3 ポップアップの上部にある［オーバーレイ］をクリック❶すると、アートボード「001」に緑色の枠が表示❷されます。

4 この緑色の枠を使って、アートボード「001」のどの位置に「002」を表示させるかを決めます。今回は、アートボードの最下部までドラッグして動かしましょう。

5 プレビューして、アートボード「001」のピンをタップすると、ポップアップ（アートボード「002」）が重なって表示されます。もう一度タップすると元の状態に戻ります。

［スクロール時に位置を修正］の利用場面

ヘッダーやフッターなど、スクロールに追随させずに画面上に固定させたいパーツがある場合には、［スクロール時に位置を修正］の機能を利用しましょう。サンプルファイル「09-02-05.xd」を開いて操作してください。

1 ［スクロール時に位置を修正］は［デザイン］モードから指定します。ファイルを開いたら、画面左上の［デザイン］タブをクリックしましょう。

2 固定したいパーツを選択❶し、プロパティインスペクターの［スクロール時に位置を修正］のチェックをオン❷にします。

3 プレビューしてみましょう。画面をスクロールしてみるとヘッダー部分が固定されています。ほかのパーツより下に潜ってしまっていますが、ヘッダー部分のパーツがレイヤーの重ね順で下になっているためです。

4 レイヤーパネルで「ヘッダ」のグループを一番上に移動します。プレビュー画面でも、変更がすぐに反映されます。なお[スクロール時に位置を修正]のチェックをオフにすれば、いつでも指定を解除することが可能です。

プレビューの様子を録画する

プレビューの様子を録画して動画ファイルに保存することもできます（本書執筆時点でMac版のみ）。サンプルファイルの「09-02-02.xd」を開き、プレビューウィンドウを表示します。

1 プレビューウィンドウ右上にある[プレビューを録画]ボタンをクリックします。録画が始まり、経過時間が表示されます。音声は録音されません。記録したい操作をしていきましょう。

2 もう一度同じボタンをクリックすると録画が止まります。

3 ファイル保存のダイアログボックスが表示されますので、名前をつけて保存しましょう。

4 操作の様子は、MP4ファイルとして保存されます。再生して確認してみましょう。

COLUMN

プレビューを録画する意義とは

「はじめてプロトタイプを触る人の挙動をテストする」というプレビューの用途以外にも、「検討中の操作方法を関係者に説明する」という使い方もあります。後者の用途としては、録画を記録として残しておくのは、大変効果的です。

Lesson 09　XDを利用したプロトタイプ作成を学ぼう

9-3 XDで作成したプロトタイプを公開する

XDで作成したプロトタイプは、リンクを公開してブラウザでプレビューすることもできます。XDを利用していない人やAdobeのアカウントを持っていない人にもプレビューしてもらうことができます。

プロトタイプを公開する

Lesson 09 ▶ 09-03-01.xd

プロジェクトに関わる関係者に向けて、ブラウザで閲覧できる状態のプロトタイプを作成し、公開することができます。そこにコメントを投稿してもらうこともできるので、リモートでの協業がスムーズになります。

XDファイルから公開リンクを作成する

XDで作成済みのプロトタイプをブラウザで閲覧できるよう、リンクを作成してみましょう。サンプルファイル「09-03-01.xd」を開いて操作してください。

1 XDウィンドウ右上にある［共有］ボタン（四角から上矢印のアイコン）をクリックし、開いたメニューから［プロトタイプを公開］❷をクリックしましょう。

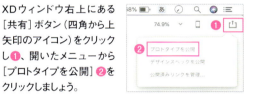

2 表示内容が、プロトタイプ公開の設定用画面に変化します。

❶［タイトル］
公開するWebページにつけるタイトルを入力します。

❷［コメントを許可］
レビュアーのコメントが投稿可能になります。ここではオンにしておきます。

❸［フルスクリーンで開く］
開いたときにコメント欄やページ操作のUIを非表示にし、プロトタイプだけを表示させるようにできます。ここではオフにしておきます。

❹［ホットスポットのヒントを表示］
リンクを設定していない場所をクリック／タップした際に、リンク設定されている箇所が青くハイライトされ、ユーザーをナビゲートしてくれます。必要に応じて使い分けましょう。ここではオンにしておきます。

❺［パスワードを設定］
公開したプロトタイプをパスワードで保護することができます。チェックして、半角英字の大文字と小文字、半角数字がすべて含まれた8文字以上のパスワードを設定してください。入力中に右にある目のアイコンをクリックすると、パスワードが表示されます。

5項目を設定したら、［公開リンクを作成］ボタンをクリック❻してください。

3 Adobeのクラウドサーバーにデータがアップロードされます。アートボードの数によっては、しばらく時間がかかります。

> **CHECK!**
> **パスワードは控えておく**
> ［公開リンクを作成］をクリックするとパスワードは「●●●●●●●●」のようにマスクされてしまうので、必ず控えておくようにしてください。

9-3 XDで作成したプロトタイプを公開する

4 アップロードが完了すると、右上と下部に図のような
ボタンが表示されます。必要に応じて利用してみましょう。

❶ [埋め込みコードをコピー]
クリックすると、iframe内に表示される形式でプロトタイプのページ情報がクリップボードにコピーされます。テキストエディタ等にペーストして利用可能です。

❷ [リンクをコピー]
プロトタイプをブラウザで閲覧するためのURLがクリップボードにコピーされます。

❸ [ブラウザーで開く]
ブラウザーが起動し、Adobeのクラウドサーバーで公開されたプロトタイプのページが表示されます。パスワードを設定した場合には、パスワード入力画面が表示されます。

❹ [更新]
一度公開したプロトタイプに変更があったとき、差分を更新するためのボタンです。

❺ [新規リンク]
公開先のURLを変更したいときに利用するボタンです。先に公開したページはそのままの状態で残され、別のURLに対して新しい変更内容がアップロードされます。

❻ [新規非公開リンク（BETA）]
次項で詳細に解説します。

特定の人だけにプロトタイプを公開する（非公開リンク）

前項の方法で公開したプロトタイプは、URLとパスワードを知っている人は誰でも閲覧することができますが、特定のメールアドレスの持ち主だけを指定できる「非公開リンク」を作成することも可能です。

1 XDウィンドウ右上にある[共有]ボタンをクリックし❶、開いたメニューから[プロトタイプを公開]❷をクリックしましょう。

2 プロトタイプ公開の設定ダイアログボックスが表示されますので、下部の[新規非公開リンク]をクリックしてください。

3 [タイトル]以下4項目の設定に関しては、公開リンクの作成と同じです。必要な状態になるよう設定し、[非公開リンクを作成]ボタンをクリックします。

4 クラウドサーバーへのデータアップロードが終わると、[招待]というタブに切り替わり、[名前またはメールアドレス]という入力欄が表示されます。メールアドレスを入力すると❶、メッセージ欄が表示されますので❷、必要であればメッセージも添えましょう。最後に右下の[招待]ボタンをクリックしてください❸。

5 指定したメールアドレス宛に、図のような招待メールが送信されます。メールの受信者は、[View Prototype]をクリックし、メールアドレスに紐づいたAdobe IDを使用してプロトタイプを閲覧することができます。万が一、別の人がプロトタイプのURLを知ったとしても、招待を受診したメールアドレスに紐付いたAdobe IDを利用しない限り、閲覧することはできません。

プロトタイプをブラウザでプレビューする

作成したプロトタイプの公開リンクを、ブラウザ上で確認してみましょう。

1 ウィンドウ右上にある[共有]ボタンのメニューから[プロトタイプを公開]を選択して[ブラウザーで開く]ボタンをクリックします。

2 ブラウザが起動し、パスワード入力画面が表示されますので、設定したパスワードを入力します。非公開リンクで共有したリンクを開いた場合は、Adobe IDを使ってログインする画面が表示されることがあります（ログアウトしている場合）。

3 プロトタイプのホーム画面が表示されます。リンクをクリックして動作確認をしましょう。なにもない背景部分をクリックすると、[ホットスポットのヒントを表示]をオンにした効果でリンク設定箇所が青くハイライトされます。

ホーム画面の設定 CHECK!

XDで作成したプロトタイプでは、プレビュー開始時に最初に表示される画面（ホーム画面）を自由に設定することができます。プロトタイプモード作業時にアートボードを選択すると左上に家アイコンのタブが表示されます。ホーム画面として設定したいアートボードのタブをクリックしてアクティブ（青い状態）にしましょう。

公開したプロトタイプをほかの人と共有する

公開したプロトタイプは、URLを伝えてほかの人にもブラウザでプレビューしてもらうことができます。
URLを受け取った人はクリックしてブラウザで開き、パスワードを入力するとプレビューできます。

1. ウィンドウ右上にある［共有］ボタンのメニューから［プロトタイプを公開］を選択して［リンクをコピー］ボタンをクリックします。

2. PCのクリップボード（一時記憶領域）にリンクURLがコピーされますので、メールやチャットメッセージなどに貼りつけて共有相手に送ります。パスワードを設定した場合は相手に同時に知らせましょう。

公開プロトタイプにコメントをつける

公開したプロトタイプを見たレビュアーはコメントを入力することができます。

1. 公開リンクをブラウザで表示し、画面右上のポップアップアイコン［コメントを表示］をクリックするとコメント欄が開きます。Adobe IDでログイン中ならすぐにコメントを入力できる状態になります。

2. 未ログインのときは［ログイン］ボタンをクリックし❶、Adobe ID入力画面で登録メールアドレスとパスワードを入力します。Adobe IDを持っていないレビュアーは［ゲストとしてコメント］をクリックしましょう❷。

→ クリックするとコメント欄が開く

3. ゲストとしてログインする場合は［名前］欄に任意のハンドルネームを入力し❶、［私はロボットではありません］にチェックして❷、表示された［送信］ボタンをクリックします❸。

4. コメント記入フォームが表示されますので任意にコメントを入力し❶、右下の［送信］ボタンをクリックして❷投稿してください。

CHECK!

ゲストとしてコメントした場合

ブラウザのタブを閉じるとログイン情報が失われますので、次回コメント投稿時には再度ログインする必要があります。

プロトタイプの場所を指定してコメントをつける

1. 「この位置の要素を直してほしい！」という場所にコメントをつけられます。コメントを入力したあと［送信］ボタンを押さず、［ピン留めする］アイコンをクリックしましょう。

2 マウスカーソルの下に黄色い丸数字が表示されますので、指摘したい部分をクリックし❶、[送信]ボタンをクリックしてください❷。

3 アートボード上に丸数字が固定され、コメント欄に同じ番号が振られたコメントが投稿されます。

コメントの通知を受け取る

1 レビュアーのコメントが投稿されると、プロトタイプの制作者には通知が届きます。Creative Cloudデスクトップアプリに赤い丸が表示され、未読通知があることがわかります。

2 Creative Cloudデスクトップアプリを開いた右上にあるベルのアイコンをクリックしましょう。

3 寄せられたコメントが表示されます。個々のコメントをクリックするとブラウザが起動し、該当するコメントがついた画面が表示されます。

修正したプロトタイプを更新する

寄せられたコメントに基づいてXDファイルに修正を加えたら、その修正をCreative Cloud上で公開したプロトタイプにも反映させましょう。

1 XDウィンドウ右上にある[共有]ボタン❶のメニューから[プロトタイプを公開]❷を選択します。

2 設定画面の下部に[更新]と[新規リンク]のボタンがあります。修正を反映させたい場合には[更新]ボタン❶をクリックし、一度公開したURLではなく別のURLで公開したい場合には[新規リンク]ボタン❷をクリックしましょう。

XDスタータープランの場合 CHECK!

無料のXDのスタータープランを利用している場合は、公開できるプロトタイプとデザインスペックが1つずつに限られます。新たな共有リンクをつくるには、[新規リンク]をクリックした際に表示される画面で[アップグレードする]か、[公開済みリンクを管理]ボタンをクリックしてブラウザで表示される[プロトタイプとスペック]画面で既存の公開プロトタイプを[完全に削除]してから新たに作成する必要があります。

9-4 XDモバイルアプリで実機確認する

1-7で紹介したXDモバイルアプリを利用すると、スマートフォンなどの実機を使って、より現実に近いプロトタイプの検証ができます。
視線や身体の動きを考えたUIの確認と改善にぜひ活用しましょう。

XDモバイルアプリのインストール

 Lesson09 ▶ 09-04-01.xd

iOS／Android対応のXDモバイルアプリ（無料）を、App StoreまたはGoogle Playストアからスマートフォンやタブレットにインストールしてください。ここではiOS向けアプリの例で解説します。

1 App Storeの検索画面で「XD」と入力して検索すると、デスクトップアプリと同じアイコンのiOS向けアプリ「Adobe XD」が表示されますので[入手]をタップしましょう。

2 アプリを起動して[ログイン]ボタンをタップし❶、次の画面で自分のAdobe IDを使ってログインしてください❷。Adobeの2段階認証を設定している場合は、システムから送信されたコードも入力しましょう。

3 ログインが完了すると下部に[XDドキュメント][ライブプレビュー][設定]の3つのメニューが表示されます。XDのモバイルアプリではドキュメントの作成や編集はできず、プロトタイプのプレビューだけが可能です。

Macとつないでライブプレビューする

Mac版XDでは、Macにモバイル端末を接続し、開いているドキュメントをリアルタイムでプレビューできる[ライブプレビュー]機能が利用できます。Windows版XDにはこの機能はありません。

Lesson 09 XDを利用したプロトタイプ作成を学ぼう

1. モバイル端末をUSBケーブルでMacに接続します。ここではiPhone 7 PlusとMacBook ProをLightning - USBケーブルで接続しています。Android端末でもタブレットでも同様に、USBケーブルでMacと接続してください。

2. MacでXDを起動してサンプルファイル「09-04-01.xd」を開きます。

3. スマートフォンでXDモバイルアプリを起動し、アプリ下部メニューの中央にある[ライブプレビュー]ボタンをタップします。

4. ライブプレビューがスタートし、ドキュメントで設定したホーム画面が表示されます。リンクを設定した部分をタップすると画面が遷移します。今回の例のように、レイアウトサイズよりプレビュー端末の画面が大きい場合には、プレビューは実寸サイズで表示され、余った周囲の画面は真っ黒になります。

端末を接続したのにライブプレビューが始まらない場合

CHECK!

モバイル端末とMacをケーブルに接続し[ライブプレビュー]をタップしたのに始まらないとき、Macで複数アプリを起動していてXDがアクティブになっていない場合があります。⌘+Tab(Alt+Tab)キーでアプリを切り替えてXDをアクティブ(一番前面)にするとライブプレビューが始まります。

Macでのレイアウト変更は即座にモバイル端末に反映される

「ライブ」プレビューという名のとおり、Mac版XDでオブジェクトの位置や色を変更すると、検証中のモバイル端末側にも即座に反映されます。モバイル端末で検証しながら、その場で最適なUIにつくり変えていくことが可能です。

ライブプレビュー中の操作

ライブプレビュー中にXDモバイルアプリの画面を長押しすると、メニューが表示されます。

❶ 左上の戻るアイコンをタップすると、ライブプレビューに戻ります。
❷ ユーザーテストでは[ホットスポットのヒント]は表示しないほうがいい場合があります。メニューの一番下にある[ホットスポットのヒント]のスイッチをタップしてオフにできます。
❸ アートボード数が多いプロトタイプは、ホーム画面以外からプレビューを開始したい場合があります。メニューの一番上にある[アートボードを参照]をタップすると、アートボードの一覧が表示されます。検証したいものをタップして選択しましょう。

クラウド経由で実機プレビューする

Creative Cloudにはユーザーが任意のファイルを保存しておくことができますが、ここにXDファイルを入れておくと、XDモバイルアプリで開いてプレビューすることができます。USBケーブルで接続しなくてもインターネット経由で実機プレビューが可能です。ライブプレビューが利用できないWindows版XDのユーザーは、こちらを利用しましょう。

CCユーザーはCreative Cloudデスクトップアプリをインストールした際に、PCに「Creative Cloud Files」というフォルダーが作成されています（Macは /Users/ ユーザー名 /Creative Cloud Files、WindowsはC:¥Users¥ユーザー名¥Creative Cloud Files）。このフォルダーに保存したファイルが、Creative Cloudに自動的に同期されます（PCがインターネットに接続されている必要があります）。

1 PC上の「Creative Cloud Files」フォルダーを開きましょう。Adobe Creative Cloudデスクトップアプリを開き❶、[アセット]タブ❷→[ファイル]タブ❸を順にクリックします。[フォルダーを開く]ボタンをクリックします❹。

2 「Creative Cloud Files」フォルダーが開きます。プレビューしたいXDファイル（ここでは「09-04-01.xd」）を、フォルダーの中に option （Alt）キーを押しながらドラッグ&ドロップしてコピーします。インターネットに接続されていれば、数十秒から数分でXDファイルがAdobeのサーバーに同期されます。

3 XDモバイルアプリを起動し、下部メニューの[XDドキュメント]ボタンをタップすると❶、同期されたXDファイルの一覧が表示されます。プレビューしたいファイルをタップして選択します❷。

4 選択したXDファイルが読み込まれてプレビューされます。ライブプレビューと同じようにリンクを設定した部分をタップしてページ遷移を検証することができます。

CHECK! [XDドキュメント]では変更の確認に時間がかかる

[XDドキュメント]を使ってのデバイスプレビューはクラウドにあるデータを利用するため、PCとモバイル端末両方がインターネットに接続している必要があります。XDでレイアウトやプロトタイプを編集して、PCの「Creative Cloud Files」フォルダー内のXDファイルを上書きすると、クラウドのデータと同期されるまでしばらく時間がかかります。また、同期後にモバイルアプリの[XDドキュメント]からファイルを再読み込みする必要があり、プレビュー中にリアルタイムに変更は確認できません。

Lesson 09 — 練習問題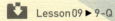

3つあるアートボードのうち、一番左をホーム画面に設定し、ホーム画面の「お問い合わせはこちら」ボタンから次の画面への遷移を設定する際に、[トランジション]を[右にプッシュ]に設定してみましょう。

❶ XDでサンプルファイルを開き、画面左上の[プロトタイプ]をクリックします。
❷ プロトタイプモードに切り替わりますので、[選択範囲](選択)ツールで左上のアートボード「top-page」の名前のところをクリックしましょう。
❸ アートボード左上のグレーのタブをクリックすると、ブルーに変化します。これでこのアートボードがホーム画面に設定されました。
❹ アートボード「top-page」上にある[お問い合わせはこちら]ボタンをクリックし、ブルーのタブを引っ張り、アートボード「contact」に接続します。
❺ 詳細設定のポップアップが表示されますので、[トランジション]のドロップダウンメニューから、[右にプッシュ]を選択しましょう。
❻ 正しく設定されているか、動作確認をします。画面右上の▶アイコンをクリックすると、プレビュー画面が起動します。
❼ 最初にアートボード「top-page」の内容が表示されれば正解です。「お問い合わせはこちら」ボタンをクリックしてみましょう。
❽ 画面が右に押し出されるように動き、アートボード「contact」が表示されれば、正解です。

各アプリで効率的に
テキストを
デザインする

An easy-to-understand guide to web design

Lesson 10

Webサイトのデザインには、目を惹くタイトルや見出し、読みやすさが大切なリストや本文など、さまざまなテキストが含まれます。PhotoshopやIllustratorでデザインカンプをつくる際は、要素によって適したデザインや制作手法があります。各アプリの特徴をいかして「つくりやすく、変更しやすく、ほかに反映しやすい」テキストをデザインする方法を学びましょう。表現の幅を広げるフォントについても紹介します。

Lesson 10　各アプリで効率的にテキストをデザインする

10-1 PhotoshopとIllustratorのテキストの違い

PhotoshopとIllustratorのテキストは似ているようですが、テキストボックスの仕様が微妙に異なり、テキスト情報を保ったまま装飾する機能も異なります。2つのアプリケーションの違いや特性を知っておきましょう。

装飾方法・フォント機能・表現の違いを知ろう

Webサイトのデザインは、同じフォーマットで何ページもつくることがあり、たとえば「見出し」は複数ページに何回も登場します。デザインカンプをつくる際は、同じテキスト要素が繰り返し現れる前提で、次のような制作方法を選ぶことが効率よく進めるカギです。

- デザインを保ってテキストをあとから編集できる
- 装飾の設定をほかのテキストにコピー＆ペーストできる

テキストの装飾を考えるとき、アウトライン（パス化）やラスタライズ（ビットマップ化）してしまえば、写真と同じように自由変形やブラシの加工が容易になります。しかし、テキストの編集はできなくなります。そこで「テキスト情報を保持したまま装飾する」方法が理想です。それにはPhotoshopは［レイヤースタイル］（5-1参照）、Illustratorは［アピアランス］（3-4参照）を利用します。

PhotoshopとIllustratorでは、ほかにも図のようにテキスト機能に差があります。Photoshopは効率的にテキストをレイアウトしたり変更・管理するのは少し苦手ですが、ドロップシャドウやグラデーションなどの効果が美しいのが特長です。Illustratorは印刷物のデザインにも利用されるように、テキストのレイアウトに長けています。［スポイト］機能でテキストの大きさや色などの設定を簡単に別のテキストにコピー＆ペーストでき、フォントの一括置換ができるなど、大量のテキストを管理・編集するのに適しています。

Photoshop		Illustrator
レイヤースタイル	装飾	アピアランス
✓ 文字スタイル ✓ 段落スタイル	フォントの変更方法	✓ スポイトでコピー＆ペースト ✓ フォントの検索置換 ✓ 文字スタイル ✓ 段落スタイル
たくさんのフォントを一度に変更する、というようなことは苦手、すばやくテキストの見た目を揃えるには、文字スタイル・段落スタイルを利用する		スポイトでフォント情報をコピー＆ペーストできたり、検索置換などができる
レイヤースタイルでアナログ風なパターンをプラスできたり、ブラシを組み合わせて柔らかな表現が得意	表現	アピアランスを使って、多重な線の表現やラフな表現が得意。ドロップシャドウなど柔らかい表現は苦手

文字スタイルと段落スタイルを利用しよう

「見出し」「本文」「リンクテキスト」のように、フォントサイズや行送り、文字色が同じフォーマットは、［文字スタイル］［段落スタイル］に登録して利用しましょう。同じテキスト指定を何度も繰り返す手間が省け、変更した場合もまとめて複数箇所に反映されるので、同じテキスト要素の指定漏れを防げます。Photoshop・Illustratorともにこれらの機能が用意されています。複数アプリで制作する場合は、CCライブラリに登録して使うのも有効です。詳しくは10-4で説明します。

Photoshopのテキストの基本

Photoshopのテキストは［ポイントテキスト］と［段落テキスト］の2種類があります。違いは改行しない限り行が長く伸びるか、表示範囲が決まっていて自動的に行が折り返されるかです。

両者の切り替えは、テキストを選択して[書式]メニューの[段落テキストに変換]
❶もしくは[ポイント文字に変換]❷で可能です。[段落テキスト]で、テキスト
があふれてテキストボックスに収まらない場合は右下に[+]マークが表示され
ます❸。変更や追加をする中で、気がつきにくいポイントなので注意しましょう。

[レイヤースタイル]でテキストのまま装飾

Photoshopで、テキストのまま文字に装飾する[レイヤースタイル]機能は、テキスト
レイヤーに[ドロップシャドウ][境界線][カラーオーバーレイ]など複数種類の[レ
イヤー効果]を追加でき、組み合わせて表現をつくることができます。[レイヤー]メ
ニューの[スタイルのコピー／ペースト]で、同じ[レイヤースタイル]を別のテキスト
やオブジェクトに適用することができます。10-2で実際に活用してWebデザインを
制作してみましょう。

Illustratorのテキストの基本

Illustratorのテキストは[ポイント文字]と[エリア内文字]の2
種類があります。Photoshopとは呼び方は違いますが、実質
は同じです。

両者の切り替えは、テキストを選択したバウンティングボックス
の右側の[○]ハンドル❶❷をクリックします。[エリア内文字]
のテキスト領域は、バウンティングボックス四隅の[□]ハンドル
をドラッグして自由に変形できます。下の[●]ハンドル❸をダブ
ルクリックすると、テキストの量に合わせて縦幅が自動的に変更
されます。

[アピアランス]でテキストのまま装飾

Illustratorで、テキストのままに文字に装飾する[アピアランス]
機能は、線や塗りを追加して表現を広げられるほか、背景をつ
けたりラフな印象を加えたり、組み合わせ次第でさまざまな表現
ができます。Photoshopの[レ
イヤー効果]と違い、線や塗り
や効果をどんどん重ねられま
す。アピアランスをほかのテキ
ストやオブジェクトにコピー＆
ペーストするには、[スポイト]
ツールを使うことができます。
10-3で実際に活用してWeb
デザインを制作してみましょう。

COLUMN

Webサイトのテキストの表現は広がり続ける

Webサイトのテキストは、ユーザーのマシンにインストールされたフォント（デバイスフォント）で表示されます。ユーザーの環境にない特殊なフォントを利用したり、CSSで表現できない装飾をしたい場合は、画像として書き出して表示させるのが従来からのセオリーでした。しかし、テキストとしての情報が失われるため、変更が容易ではないことが制作面のデメリットでした。ブラウザ表示でもフォントの大きさを変更できない、代替テキストがないと音声読み上げができない、とユーザビリティが落ちることから、あくまで部分的な使用に留められてきました。テキストの画像化はいわば苦肉の策でしたが、最近ではテキストの表現は広がっています。ひとつは「SVG（Scalable Vector Graphics）」というベクトル形式の画像形式の普及です。アイコンなどのベクトルデータをフォントとして使用する「アイコンフォント」や、利用時にWebから読み込む「Webフォント」など、ユーザーの環境にないフォントを表示させる技術も登場しています。

デザインに広がりが出た一方、デザイナーとしてどの技術を使うか、デザインカンプではどう制作するかを選択する難しさも出てきました。制作面やユーザビリティから「どの程度まで画像を使用するか」、技術面やコストから「Webフォントは使用するか」など、事前に考えてデザインカンプをつくることが大切です。また、テキストデザインの幅を広げるには、豊富なフォントの選択肢を持っておくことも必要です。10-5では、Webフォントも含めて、より多様なフォントを利用するための知識を紹介します。

Lesson 10 各アプリで効率的にテキストをデザインする

10-2 Photoshopでの テキストデザイン

Illustratorよりはテキスト周りの機能が弱いPhotoshopですが、
[文字]パネル、[段落]パネルやシェイプを活用して効率的にデザインしましょう。
タイトル、ステップ番号、リスト、囲み記事などをつくります。

レシピページのテキストをつくろう

 Lesson 02 ▶ 10-2

レシピページのデザインを元に、デザインでよく用いられるテキストの表現を
Photoshopでどう実現するのか、学んでいきましょう。

❶ タイトル
Typekitの個性的なフォントを使い、色やレイヤー効果を
重ねて、アイキャッチとして目立つように工夫します。

❷ ステップ番号
番号の上に円弧状のパスに沿った文字を配置してワンポ
イントにします。

❸ リンク文字
青色で下線をつけてひと目でリンクとわかるようにします。

❹ リスト
行頭記号をぶら下げインデントにし、段落間のアキを広げて
段落をわかりやすくします。

❺ 囲み記事
囲みとテキストの間隔を開けることで読みやすくします。

❻ 縦書きテキスト
縦書きテキストの中にある数字や欧文を回転させて見やす
く整えます。

タイトルをつくろう

テキストにレイヤー効果を加えたものを2つ利用して、ポップなタイトルをつくりましょう。
Typekitから「Atrament SemiBold」というフォントを利用します。

1 「10-2-1.psd」を開きます。「Happy Recipe」のタイトルを選
択し、1つずつ文字に色をつけます。[横書き文字]ツールで1
文字ずつ選び、任意にカラフルな色に変更していきます。

178

2 テキストレイヤーを複製して[レイヤー効果]を適用しましょう。「Happy Recipe」テキストレイヤーを[レイヤー]パネル下部の[新規レイヤーを追加]ボタンにドラッグして複製します。[移動]ツールで、複製した前面のレイヤーを左に5px、上に5px移動させて、ずらしたようなイメージにします。[レイヤー効果]から[境界線]をクリックします❶。[サイズ：1px]❷、[位置：外側]❸、[不透明度：100％]❹、[カラー：#FB8183]❺、とします。

3 続けて同じテキストレイヤーに、ドットのパターンを追加します。[パターンオーバーレイ]を選択し❶[描画モード：スクリーン]❷、[不透明度：100％]❸、[パターン：polkaDot8-8]❹、[比率：30％]❺として[OK]を押します。

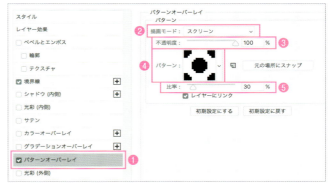

CHECK！

ドットのパターン

5-4で追加した「WEBCRE8.jp」のパターン素材のドットを利用しています。

4 [レイヤー]パネルで、パターンをつけた上のテキストレイヤーの[塗り：0％]にして❶、パターンを透けさせます。

Lesson 10　各アプリで効率的にテキストをデザインする

ステップ番号をつくろう

各ステップ番号の上に装飾の「STEP」を、パス上テキストを使って円弧状に入れてみましょう。

1 テキストを乗せるパスを用意します。［楕円形］ツールを選択して、オプションバーで［パス］を選択します❶。アートボードをクリックすると［楕円を作成］ダイアログボックスが開きますので、［幅：56px］❷、［高さ：56px］❸として［OK］をクリックします。

2 ［ダイレクト選択］ツールで、4つのアンカーポイントの一番下をクリックして、Deleteキーで削除します。これでテキストを乗せるためのパスができました。

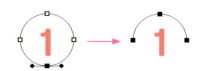

3 パスを選択したまま［横書き文字］ツールに切り替えて、パスの左側にカーソルを移動します。カーソルが図のように変化したらクリックします。これでパスに沿って入力できるようになりました。

4 「STEP」と入力して、［文字］パネルで［フォント：Atrament Bold］❶、［サイズ：13px］❷、［行送り：自動］❸、［カラー：#653209］❹にします。［段落］パネルで［中央揃え］❺にして⌘＋Return（Ctrl＋Enter）キーで決定します。

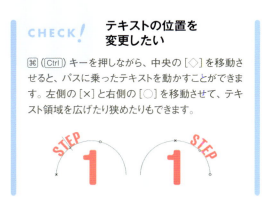

CHECK! テキストの位置を変更したい

⌘（Ctrl）キーを押しながら、中央の［◇］を移動させると、パスに乗ったテキストを動かすことができます。左側の［×］と右側の［○］を移動させて、テキスト領域を広げたり狭めたりもできます。

リンク文字のテキストスタイルを変更しよう

リンクを表す下線や、強調など、Webサイトでよく用いられる表現も、Photoshop上で表現することができます。段落内で、一部のテキストだけ強調したい、下線を引きたい、色を変更したい場合は［文字］パネルの［文字スタイル］と［塗りつぶし］の組み合わせですばやく変更できます。

強調・斜体・下線・打ち消し線を設定する

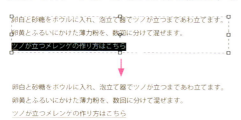

リンクテキストに下線をつけてみましょう。STEP 1 の 3 行目テキストを部分選択して、[文字] パネルの [文字スタイル] から [下線] ❸ をクリックしてオンにします。

❶ 強調　❷ 斜体
❸ 下線　❹ 打ち消し線

段落内のテキストカラーを [塗りつぶし] で変更する

段落内のテキストカラーを一部変更したいときは、[文字] パネルの [カラー] から変更できますが、[描画色で塗りつぶし] を使うと、ショートカットでより早くおこなえます。

1. ツールバーの [描画色] を、変更したいカラーに変更します❶。

2. [横書き文字] ツールで、カラーを変更したい部分を選択し、option + Delete（Alt + Delete）キーで [描画色で塗りつぶし] を実行します。

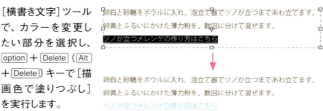

リストをつくろう

行頭記号のある行の折り返し以降を揃える

リストの先頭に「・」をテキストで入れた場合、複数行になると頭が揃わないことになり不恰好です。これを解消するには [段落] パネルの [1 行目左／上インデント] を使います。

1. リストのテキストボックスを選択します。

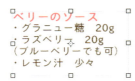

2. [段落] パネルの [1 行目左／上インデント] ❶ を、1 文字のフォントサイズ分だけ左にマイナスします。今回、フォントサイズは 16px なので -16px と入力します。

リストの間隔を空ける

リストがすべて同じ行送りで、区切りがわかりにくいので調整しましょう。通常なら [文字] パネルの [行送り] を調整しますが、「ラズベリー」が 2 行に渡っているので、ここの行送りまで広くなってしまいます。そんなときには [段落] パネルの [段落前／後のアキ] を使うのが便利です。

Lesson 10　各アプリで効率的にテキストをデザインする

1. リストのテキストボックスを選択します。

2. [段落] パネルの [段落前のアキ] に10pxと入力します❶。2行のリストの行送りはそのままに、リストの段落の前に10pxのアキができました。「段落前／後のアキ」は、Return (Enter) で改行した行に対して適用されます。（ブルーベリーでも可）のように、Shift + Return (Shift + Enter) で改行した行には影響しません。

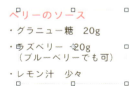

CHECK!

表のデザインやフォームのデザインにも便利

段落の前後のアキは空けたいけれど、行送りはそのままにしたい、というのは表やフォームのデザインでもよく遭遇します。

囲み記事をつくろう

囲み記事ではテキストエリアの左右に余白がほしくなります。そんなときは [段落] パネルの [左／右インデント] が便利です。

1. 「ワンポイント」のテキストボックスを [選択] ツールで選択します。

2. [段落] パネルの [左／上インデント] ❶と [右／下インデント] ❷に、それぞれ20pxと入力します。左右に20pxの余白ができました。

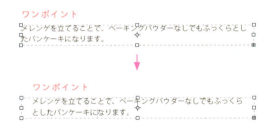

縦書きテキストをつくろう

縦書きテキストを使って、コメント風のワンポイントをつくりましょう。サンプルファイルにある「30分でcooking」というテキストを見ると、「30」と「cooking」は横倒しになってしまっています。縦書きテキストは、欧文や数字を狙い通りに表示させるのにひと手間が必要です。[文字] パネルのオプションを使って整形してみましょう。

1. 「30」を [文字] ツールで部分選択して、[文字] パネルメニューから、[縦中横] を選択します❶。「30」が90度回転して、縦書き中で横並びになりました。

2 「cooking」を部分選択し、[文字] パネルメニューから [縦組み中の欧文回転] を選択すると❶、「cooking」が1文字ずつ90度回転して縦組みになりました。

すばやくテキストのカラーを変更する

Photoshopで、テキストのカラー変更を効率的におこなうには少し工夫が必要です。
テキストボックス内のテキストカラーを部分変更する場合には [塗りつぶし]、
テキストカラーの設定をコピー&ペーストしたい場合には [カラーオーバーレイ] が便利です。

塗りつぶし

[描画色／背景色で塗りつぶし] 機能は、ビットマップ・シェイプ・テキスト・レイヤーをツールバーで設定した [描画色] または [背景色] で塗りつぶすことができます。ショートカットを使うと、メニューやツールバーを使わずに変更できるので便利です。ただし、スマートオブジェクトには適用できませんし、一度にまとめてのテキストカラー変更には向いていません。

- [描画色で塗りつぶし]:
  option + Delete (Alt + Delete) キー
- [背景色で塗りつぶし]:
  ⌘ + Delete (Ctrl + Delete) キー

カラーオーバーレイ

[レイヤー効果] の [カラーオーバーレイ] 機能は、ビットマップ・シェイプ・テキスト・スマートオブジェクトが持つカラーに影響を与えずカラーを変更できます。[スタイルのコピー／ペースト] を使えば、複数のオブジェクトの [カラーオーバーレイ] の設定をコピー&ペーストできます。アイコンやテキストなどをすばやくカラー変更したいときに便利です。

> **COLUMN**
> **[カラーオーバーレイ] を書き出す場合の注意点**
>
> テキストを [カラーオーバーレイ] でカラーを変更した場合、元のテキストカラーと [カラーオーバーレイ] のどちらが優先されるかは、書き出しの方法によって変わります。PNGやSVGでの書き出し、[レイヤー] → [SVGをコピー] の場合は、[カラーオーバーレイ] が優先されます。しかし、[レイヤー] → [CSSをコピー] の場合は、テキストカラーが優先され、[カラーオーバーレイ] は無視されますので、気をつけましょう。

アイコンは「型抜き」にしておく　CHECK!

アイコンの「抜き」部分を背景色で表現していると、[塗りつぶし] もしくは [カラーオーバーレイ] で色を変更するとそこも着色されるため、「型抜き」にして必要な箇所のみオブジェクトが存在する状態にしておきましょう。

Lesson 10　各アプリで効率的にテキストをデザインする

10-3 Illustratorでの
テキストデザイン

IllustratorはPhotoshopに比べてテキストの扱いに長けています。
そのぶん機能も多く、効率的な方法を知ることがポイントです。
段組み、丸数字、囲み記事、リストテーブルなど、編集に強いつくり方を学びます。

インタビューページのテキストをつくろう

インタビューページのデザインを元に、デザインでよく用いられるテキストの表現を
Illustratorでどう実現するのかを学んでいきましょう。

❶タイトル
写真を活かすように袋文字にして、その線をラフな印象に
加工、さらに文字タッチツールでランダムに配置して遊び
心を加えます。

❷本文
2段組にして、一連のテキストを自動的に流すようにします。

❸丸数字
特殊文字を使うのではなく、アピアランスを使って好きな
フォントで数を簡単に編集できる丸数字をつくります。

❹囲み記事
記事の長さに応じてサイズが可変になるように、アピアラン
スを使って背景となる色の長方形をつくります。

❺価格表
タブを使って文字列を両端に整え、リーダーでつないで見
やすい表をつくります。

タイトルをつくろう

タイトルの「GIRLS ROCK」を袋文字にして、
楽しい雰囲気でリズムをつけてみましょう。袋文
字は［アピアランス］、リズムの強弱は［文字タッ
チツール］を使います。Typekitから「Atrament
SemiBold」というフォントを利用します。

アピアランスで袋文字をつくる

アピアランスは、Photoshopの［レイヤー効果］と似た、
要素に擬似的に効果を加える機能です。塗りや線やさま
ざまな効果を追加できます。今回は線を追加して、手描き
のようなラフな雰囲気の効果を追加します。

10-3　Illustratorでのテキストデザイン

1　「10-3-1.ai」を開きます。黒の「GIRLS ROCKER」のタイトルを選択し、［アピアランス］パネル下部の［新規線を追加］ボタン❶をクリックします。追加された［線］を［カラー：#FFFFFF］❷、［線幅：1px］❸に設定します。これで白い縁ができました。

2　テキストの色が黒いままですが、［アピアランス］パネルでは［テキスト］の［塗り］はなしになっています❶。［横書き文字］ツールで文字列を選択してみると、アピアランスパネルが変化します❷。Illustratorは［テキスト］と［文字］は別物として扱われます。この［文字］の［塗り］をなしにしましょう。これで白い線の袋文字ができました。

3　袋文字の線にラフな効果を追加します。［アピアランス］パネルの［新規効果を追加］（fx）ボタンから［パスの変形］→［ラフ］を選択します❶。［ラフ］ダイアログボックスで、［サイズ：1px］❷にして［入力値］を選び❸、［詳細：16/inch］❹、［ポイント：丸く］❺を選択して、［OK］をクリックします。手で描いたような揺れる線になりました。

> **CHECK！　アピアランスは順番がキモ**
>
> アピアランスは1つのオブジェクト、グループに対して複数付加することができます。［アピアランス］パネルでの順番が違うと見た目が大きく変わりますので、アピアランスを追加する位置に注意します。レイヤーと同様に、上ほど前面になり、下ほど背面になります、表示がおかしいときには順番を確認しましょう。アピアランスを移動させるには、［アピアランス］パネルの効果を選択してドラッグします。option（Alt）キーを押しながらドラッグすると複製できます。

［文字タッチツール］で文字に遊びを

［文字タッチツール］は、テキストの1文字ずつをバラす手間なく移動させたり、拡大縮小・回転できる機能です。今回は1文字ずつジグザグに移動して、大きさを変えてみましょう。

1　「GIRLS ROCK」の文字をクリックして、［文字］パネルの上部の［文字タッチツール］をクリックします❶。カーソルが［T］の形に変化したら、「G」の文字をクリックしてみましょう。1文字だけがバウンティングボックスで囲まれました❷。

Lesson 10　各アプリで効率的にテキストをデザインする

2　テキストを移動するにはクリックで選択後、ドラッグします。少しずつ上下方向に移動してみましょう、この要領で、ジグザグに配置していきます。

3　テキストをクリックして、バウンティングボックスが現れたら、四隅の［○］をドラッグすると拡大・縮小できます。

4　バウンティングボックスの上、少し離れたところにも［○］が表示されています。これにカーソルを合わせると回転のカーソルに変化し、ドラッグすると回転します。ランダムな大きさと回転をつけて完成です。

COLUMN
文字タッチツールは色も変更できる

1文字ずつ選択したのち［塗り］で色を変更すると、選択した文字だけ色が変更されます。バラバラの色文字をつくるときに便利です。

2段組のテキストをつくろう

テキストボックスを複数連結させて、テキストを次のボックスへ送っていく2段組のテキストをつくるには、［段組設定］でボックスをつくり、［スレッドテキストオプション］で連結するのが便利です。ここではコンテンツ幅1000pxに、段間を40pxあけた2列のテキストボックスをつくりましょう。

1　［長方形］ツールで幅1000px❶、高さ400px❷の長方形をつくります。塗りは何でもかまいません。

2　長方形を2列に分けます。［オブジェクト］メニューの［パス］→［段組設定］を選択します❶。［段組設定］ダイアログボックスで［列:2］❷、［間隔:40px］❸と入力すると、［幅:480px］❹と［合計:1000px］❺は自動で入力されますので［OK］をクリックします。長方形のパスが、間に40pxの間隔をあけて2つに分割されました。

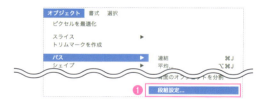

10-3　Illustratorでのテキストデザイン

3　2つに分割された長方形を、連結したテキストボックスに変更します。［書式］メニューの［スレッドテキストオプション］→［作成］を選択します❶。通常のテキストボックスと違い、2つのボックスの間に斜めの線が入りました❷。

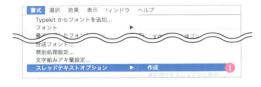

4　テキストを流し込んでみましょう。1つめのボックスからはみ出たテキストは、右の2つめのボックスに送られていることがわかります。

COLUMN

スレッドテキストは複数連結できる

［スレッドテキストオプション］で連結できるのは2つだけではありません。［段組設定］で5段7列に分割し、［スレッドテキストオプション］で連結すると、曜日を送りやすいカレンダーをつくることができます。

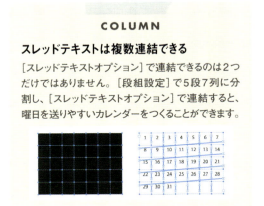

色の丸数字をアピアランスでつくろう

タイトルの作成ではアピアランスを使って［線］を追加し、袋文字にしました。
アピアランスは［塗り］の追加や変更もできます。数字に適用して編集に強い丸数字をつくりましょう。

1　数字のテキストを選択して、［アピアランス］パネル下部の［新規塗りを追加］ボタン❶をクリックします。追加された［塗り］を［カラー：#FFA7C7］にすると❷、白だった文字がピンクになりました❸。この［塗り］を変形させて丸をつくります。

2　［アピアランス］パネル下部の［新規効果を追加］（fx）ボタンをクリックし［形状に変換］→［楕円形］を選択します❶。

3　［形状オプション］ダイアログボックスが開きますので、［サイズ］を［値を設定］にして❶、［幅：30 px］❷、［高さ：30 px］❸と入力して［OK］をクリックします。文字の前面にピンクの丸が表示されます。

187

Lesson 10　各アプリで効率的にテキストをデザインする

4　ピンクの丸を文字の背面に移動します。［アピアランス］パネルで、［塗り］をドラッグして［文字］の下に移動します。数字がピンクの丸より前面になったので表示されました。

5　ピンクの丸が、テキストに対して少し下にずれているので［塗り］の位置を調整します。［塗り］を選択して［アピアランス］パネルの［新規効果を追加］(fx)ボタンをクリックし、［パスの変形］→［変形］を選択します❶。［変形効果］ダイアログボックスが開きますので、［移動］の［垂直方向：−1px］と入力し❷、［OK］をクリックします。丸が1px上に移動し、テキストの中央に揃いました。

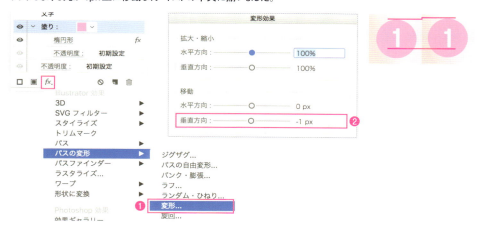

囲み記事の背景色をアピアランスでつくろう

アピアランスは単体のオブジェクトだけでなく、グループにも適用できます。先ほどの色丸はサイズが固定でしたが、対象に対する［サイズ］を［値を追加］にすることで、テキストの長さに応じて長さが変わる背景色の長方形をつくれます。

1　［選択］ツールで「プロフィール」のグループを選択します。上下左右に20pxの余白をもたせて、背景色をつくりましょう。［アピアランス］パネル下部の［新規塗りを追加］ボタン❶をクリックして［塗り］を追加し、［カラー：#FCEAF1］にすると❷、テキストがピンクになります。追加された［塗り］を［内容］の下（背面）に移動すると❸、テキストカラーが戻ります。

2　ピンクの［塗り］を長方形に変形させます。［アピアランス］パネルの［新規効果を追加］(fx)ボタンをクリックし、［形状に変換］→［長方形］を選択します❶。

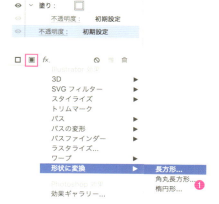

10-3 Illustratorでのテキストデザイン

3 [形状オプション] ダイアログボックスで、[サイズ] を [値を追加] にして❶、[幅に追加: 20px] ❷、[高さに追加：20px] ❸と入力して [OK] をクリックします。すると、対象のサイズに「常に20pxがプラスされる」形で背景色がつきます。試しにテキストを追加してみると、テキスト量にしたがって背景の長方形が縦に長くなることがわかります。

タブで価格表をつくろう

Illustratorには、テキストに [Tab] を入れたところを、任意の位置で揃える機能があります。これを使って商品の価格表のように長さの揃わない文字列を両端揃えにします。

> **アピアランスはレイヤーにも適用できる** CHECK!
>
> アピアランスはオブジェクトやグループだけでなく、レイヤーにも適用できます。レイヤーの中のすべてのオブジェクトの線や塗りの色を一度に変えたいときに便利です。

1 価格表のテキストを選択します。商品名と価格の間は [Tab] で空白が入っています。
[ウィンドウ] メニューの [書式] → [タブ] ❶をクリックして [タブ] パネルを表示します。

2 [タブ] パネルを移動して、テキストのボックスに揃えます。価格を右揃えにしたいので、[右揃えタブ] をクリックして❶、テキストボックスの右端に合わせて、ルーラーをクリックします❷。これで価格が右揃えになりました。

3 商品名と価格の間が空白だと行がわかりにくいので、罫線でつなげましょう。[タブ] パネル右側の [リーダー] に「―」（記号文字の横罫線）を入力しましょう❶。[Tab] でぽっかり空いた間が、「―」でつながりました。

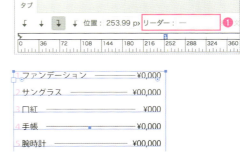

COLUMN

タブは複数設定できる

タブは複数の箇所に設定できます。2行に渡らない表の場合は、[Tab] で区切れば、簡単に頭を揃えた表組をつくることができます。

Lesson 10 各アプリで効率的にテキストをデザインする

10-4 テキストのスタイルを共有する

サイト内の文字組みのルールを決めて、
テキストのスタイルを効率よく統一するには、
［文字スタイル］［段落スタイル］［CCライブラリ］を利用しましょう。
それぞれのメリットや共用の方法を説明します。

文字スタイルと段落スタイルの使い分け

 Lesson02 ▶ 10-4

文字スタイルは、フォントの種類や大きさ・色などを指定します。段落スタイルは、行揃えやインデントなどを指定できます。文字スタイルと段落スタイルでは、文字スタイルの方が優先されるため、段落スタイルで指定したテキストの、一部のテキストの大きさや色を変えるというように使い分けます。Webデザインのカンプでは、見出しや本文のテキストは段落スタイル、強調したい部分やリンク部分は文字スタイル、というように使い分けましょう。
スタイルはWeb表現におけるCSSのclassのようなもので、スタイルを変更するとそのスタイルの当たっている箇所はすべて変更されます。

COLUMN

［標準文字スタイル］［標準段落スタイル］の使用には注意

ドキュメントに最初からある［標準文字スタイル］［標準段落スタイル］は、ドキュメント内のすべてのテキストに影響を及ぼします。変更せずに、新規でスタイルを追加・編集していくのがおすすめです。

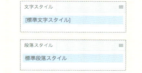

文字スタイルを利用しよう

Webサイト内のリンクテキストのスタイルを「＃1AC8FF（青）にして下線をつける」として、
文字スタイルを登録してみましょう。PhotoshopとIllustratorでパネルに差がありますが、手順は同じです。

1. 段落内のリンクとしてスタイルを変更した文字列を［文字］ツールで部分選択します。［文字スタイル］パネル下部の、［新規文字スタイルを作成］ボタン❶をクリックすると、パネルに「文字スタイル1」が追加されます❷。

2. 「文字スタイル1」をダブルクリックしてみましょう。［文字スタイルオプション］ダイアログボックスが開いて、先ほど選択したテキストのスタイルの［サイズ：14px］❶、［下線：はい］❷、［カラー：＃10AAFF］❸が設定されています。［スタイル名］をここでは「リンクテキスト」と変更して❹［OK］ボタンをクリックしましょう。

段落スタイルを利用しよう

段落スタイルの登録も、文字スタイルと同じです。登録したい文字列を、テキストボックスまたは部分選択し、[段落スタイル]パネルの[新規段落スタイルを作成]ボタン❶で追加します。追加された段落スタイルをダブルクリックして[段落スタイルオプション]ダイアログボックスを開くと、[文字スタイル]より左側の設定項目が多いことがわかります。

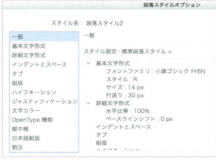

文字スタイル、段落スタイルの変更

文字スタイル・段落スタイルともに、スタイル名の右に[+]が表示されるときは、現在選択しているテキストのスタイルが、登録されたスタイルの設定から変更されていることを示します。

Photoshopの場合

1. 現在選択しているテキストの設定より、登録してある文字スタイル・段落スタイルを優先する場合、パネル下部の[変更を消去]ボタン❶❷をクリックします。[+]が消えて、登録スタイルが適用されます。

2. 現在選択しているテキストの設定を優先して、登録してある文字スタイル・段落スタイルを上書きしたい場合、パネル下部の[変更を結合して文字スタイルを再定義]❶または[変更を結合して段落スタイルを再定義]❷ボタンをクリックします。[+]が消えて、登録スタイルが再定義されます。同時に同じスタイルの適用箇所すべてに変更が反映されます。

Illustratorの場合

1. 現在選択しているテキストの設定より、登録してある文字スタイル・段落スタイルを優先する場合、[+]が出ているスタイルをもう一度クリックします❶❷。[+]が消えて、スタイルが反映されます。

2. 現在選択しているテキストの設定を優先して、登録してある文字スタイル・段落スタイルを上書きしたい場合、パネルメニューから、[文字スタイルの再定義]❶または[段落スタイルの再定義]❷を選択します。[+]が消えて、登録スタイルが再定義されます。同時に同じスタイルの適用箇所すべてに変更が反映されます。

CCライブラリへ登録できる文字アセットの違い

Photoshopの場合、ドキュメントで利用できる文字スタイル・段落スタイルのうち、CCライブラリに登録ができるのは文字スタイルだけです。Illustratorの場合は、ドキュメントで利用できる文字スタイル・段落スタイルと「テキストそのもの」の3つをCCライブラリへ登録することができます。CCライブラリに登録すると、PSDとAIで共用したり複数のユーザーで利用できて非常に便利ですが、登録したスタイルを修正することができないことには注意が必要です。

> **CHECK!**
> **ドキュメントの文字スタイル・段落スタイルとCCライブラリは別**
>
> ドキュメントで作成した文字スタイル・段落スタイルをCCライブラリに登録すると、別個のスタイルとして扱われます。ドキュメントの文字スタイル・段落スタイルを変更してもCCライブラリには影響しません。また、CCライブラリの文字スタイルは、Photoshopでは段落内の選択部分だけに適用できず、実質は段落スタイルのような結果になるなど、使い方にも差があります。

Photoshopで文字スタイルを登録する

文字スタイルを登録するには、登録したいテキストを選択し、[CCライブラリ]パネル下部の[コンテンツを追加]ボタンをクリックします❶。項目選択画面が開きますので、[文字スタイル]にチェックして❷[追加]をクリックします。

Illustratorで文字スタイル・段落スタイルを登録する

登録したいテキストを選択し、[CCライブラリ]パネル下の[コンテンツを追加]ボタンをクリックします❶。項目選択画面が開きますので、[文字スタイル]・[段落スタイル]を選んでチェックを入れて❷、[追加]をクリックします。あるいは[文字スタイル]または[段落スタイル]パネルで、[現在のライブラリに選択したスタイルを追加]ボタン❸をクリックすると追加されます。

> **CHECK!**
> **スタイルにはわかりやすい名前をつける**
>
> [CCライブラリ]パネルに追加された文字スタイル・段落スタイルは、サムネールがわかりにくいものです。スタイル名をダブルクリックすると編集できるので、たとえば「見出し1-24px」など、用途がわかりやすい名前に変更しましょう。

XDでも文字スタイルが利用できる

PhotoshopやIllustratorから登録された文字スタイルは、XDでも使用することができます。各アプリケーションで登録、使用できるスタイルは表のように文字スタイルがもっとも汎用的です。

	Photoshop	Illustrator	XD
スタイル作成	✓ 文字スタイル ✓ 段落スタイル	✓ 文字スタイル ✓ 段落スタイル	✗ 作成できない
CCライブラリに登録	✓ 文字スタイル	✓ 文字スタイル ✓ 段落スタイル ✓ テキスト	✗ 登録できない
CCライブラリから使用	✓ 文字スタイル	✓ 文字スタイル ✓ 段落スタイル ✓ テキスト	✓ 文字スタイル

10-5 フォントを追加する・管理する

フォントはデザインに広がりを与えてくれますが、
きちんと管理・選択しなければアプリケーションの動作に影響したり、
選ぶのに時間を費やすことになります。
フォントを追加・管理する方法を学びましょう。

[文字] パネルを活用しよう

Photoshop、Illustratorとも [文字] パネルは、フォントを検索したり「お気に入り」にしておくなど、目的のフォントをすばやく選択できる工夫があります。積極的に使用して、フォント選びの時間を短縮しましょう。

フォント名からすばやく検索する

[文字] パネルのフォントを選択するドロップダウンメニューは、フォント名を入力して検索ができます。名前の一部でも検索できるので、数文字で目的のフォントにたどり着けます。
試しに「小塚ゴシック Pro R」を検索してみましょう。[フォント] 欄をクリックすると現在のフォント名が選択状態になりますので、キーボードで「小」と入力します。「小塚ゴシック」「小塚明朝」がウェイト順に表示されますので、リストから目的のウェイトを選びます。

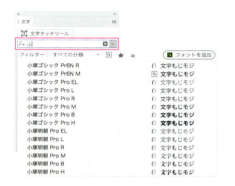

フォントのお気に入りを選んでおく

よく使うフォントをお気に入りに入れて、フィルタリングする機能です。
追加・削除は [文字] パネルから簡単にでき、インストールされているフォントには影響ありません。

1 [文字] パネルの [フォント] のドロップダウンメニューの ⌄ をクリックします❶。フォント一覧が表示されるので、フォント名の左側の [☆] をクリックすると❷、お気に入りに追加されます。

2 お気に入りにしたフォントを表示するには、[フォント] のドロップダウンメニューの ⌄ をクリックし❶、フィルターの右にある [★]（お気に入りのフォントを表示）ボタンをクリックします❷。

> **CHECK!** お気に入りから外す
> お気に入りから削除するには、フォント名の左側の [★] をクリックして [☆] に戻します。

Lesson 10 各アプリで効率的にテキストをデザインする

類似のフォントを探す

選択したフォントに似たフォントを提案してくれる機能です。現在のところ日本語は未対応ですが、欧文の類似フォントを探すのに便利です。

試しに、「Arial」の類似フォントを表示させてみましょう。[フォント]欄に「Arial」と入力します❶。ドロップダウンメニューが開いた状態で、[フィルター]の右にある[類似フォントを表示]ボタン❷をクリックすると、しばらく検索したのちに類似したフォントを一覧で表示してくれます。

[字形]パネルを活用しよう

[字形]パネルはむずかしい漢字を入力したり、アイコンフォントや絵文字を入力するときに活躍します。
[字形]パネルは、Photoshopは[ウィンドウ]メニューの[字形]、
Illustratorは[ウィンドウ]メニューの[書式]→[字形]で表示できます。

選択した文字の異体字を探す

漢字には、たくさんの異体字を持つ漢字があります。
入力した文字から、その文字の異体字を表示して選択、入力してみましょう。

1 例として、「邊」という漢字を入力する場合、まずは漢字変換の候補に上がりやすい「辺」を入力します。[文字]ツールで「辺」のテキストを部分選択し❶、[字形]パネルの[表示]を[現在の選択文字の異体字]に変更します❷。

2 「辺」の異体字が一覧で表示されますので、パネルで「邊」をダブルクリックすると入力されます。

フォントの一覧を表示して入力する

アイコンフォントや絵文字などの入力にも[字形]パネルが便利です。[字形]パネルの[フォントファミリー]のドロップダウンメニューを開いて、アイコンフォントや絵文字のフォントを選択します。収録されたフォントが一覧で表示されますので、スクロールで目的のテキストを探して、ダブルクリックで入力します。

194

画像からフォントを調べたい

6-3で紹介したCapture CCの「文字をキャプチャする」機能と同様の機能がPhotoshopにもあります。Capture CCはTypekitから類似フォントを探してくれますが、Photoshopは「マシンにインストールされているフォント＋Typekit」から検索してくれます。元データのない過去データや、参考デザインのフォントを調べるのに便利です。現在のところ日本語は未対応で、欧文フォントのみ有効です。

Photoshopで画像からフォントを探す

1. 調べたいフォントが含まれた画像をPhotoshopで開きます。スクリーンキャプチャでもPSDでも形式はなんでもかまいませんが、画像が明瞭なほど精度は上がります。

2. ［長方形選択］ツールで、調べたいフォント部分を選択し❶、［書式］メニューの［マッチフォント］を選択します❷。検索に少し時間がかかる場合がありますが、ウィンドウに結果が表示されます。

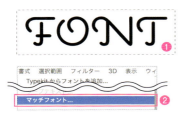

3. 表示されたフォントを選択すると、［文字］パネルでそのフォントが選択されますので、［横書き文字］ツールに変更して、そのフォントでテキストを入力できます。

AdobeのTypekitを活用しよう

Creative Cloudメンバーが使えるAdobeのサービス「Typekit」（タイプキット、https://typekit.com/）は、豊富なフォントを追加料金なしで使えるので便利です。フォントの使い方は2通りあります。

❶ パソコンにフォントを同期させて、PhotoshopやIllustratorやXDで使用する
❷ Webフォントとして使用したいフォントを選んで「キット」をつくり、埋め込みコードを発行してWebサイトで利用する

❶の方法は、Typekitの豊富な書体の中から一度に100書体まで同期させて使用でき、追加や削除もWebサイトからおこなえます。❷の方法は、Webフォントとして使用したいフォントを選択して「キット」を作成し、発行された埋め込みコードを自分のWebサイトのソースに埋め込みます。サーバーにフォントをアップすることなくWebフォントを簡単に使用できます。

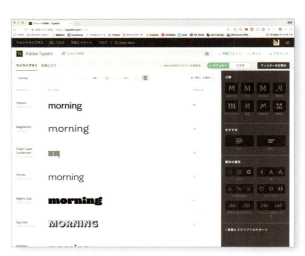

Lesson 10　各アプリで効率的にテキストをデザインする

フォントのバリエーションを増やそう

Typekitのほかにも、フォントのバリエーションを増やせるさまざまな製品、サービスがあります。WindowsもMacもプリインストールされているフォントは、デザインする上で選択肢が豊富とはいえません。GoogleFontsのように誰でも使えるサービスや、フォントベンダーが提供するフォントを定額で使えるサービスなど、用途によって選びましょう。

Google Fonts

Googleの提供するサービス「Google Fonts」です。欧文フォントがメインで、日本語フォントはまだ数がありませんが、豊富なフォントを数の制限なく使用することができます。使用するのに必要な登録や制限がないため、Adobe製品を持たないクライアントやチームメンバーと共同でつくるデザインには向いています。こちらもWebフォントとして利用することができます。

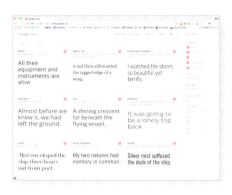

MORISAWA PASSPORT

株式会社モリサワの提供する定額サービス「MORISAWA PASSPORT」(モリサワパスポート)です。「新ゴ」や「リュウミン」など、よく目にする有名書体を、日本語をはじめ、欧文や中国、韓国など1000書体以上収録しています。パソコン1台あたり1つの契約が必要で、使用料は1台1年契約で49,800円（税抜）です。

LETS

フォントワークス株式会社の提供する定額サービス「LETS」（レッツ）です。フォントワークスの書体だけでなく、株式会社イワタ、株式会社モトヤの書体が使えるプランなど、複数のプランが用意されています。「筑紫明朝」「ロダン」「マティス」など、よく目にするフォントワークスの書体が使えるプランは、入会金が1事業者につき30,000円（税別）、パソコン1台あたりの使用料は1年契約で36,000円（税別）です。

※価格やサービスの内容は2018年4月現在のものです。

フォントのバリエーションを増やそう

通常、Webサイトで表示されるテキストは、ユーザーのパソコンやスマートフォンにインストールされたものを使って表示させます（これを「デバイスフォント」と呼びます）。パソコンの中にあるものを使用するので、表示は速いですが、「ユーザーの環境によってあるフォントがバラバラ」「フォント数が少なく表現力に乏しい」という問題があり、特殊なフォントを使用する場合はJPGやPNGなど画像で書き出すしかありませんでした。

Webフォントは、用意したフォントデータをWebサーバーにアップし、ページへのアクセスと同時にブラウザに読み込ませて表示させる方法です。Webサーバーからフォントを読み込むことで、ユーザーがフォントをインストールしているか考慮する必要なく、特殊なフォントでもテキストの情報を保つことができるようになりました。

日本語フォントは欧文フォントに比べて文字が多いためデータ量が大きく、表示させるときの遅延がネックで、欧文に比べ導入が遅れていました。しかしWebフォントサービス会社の努力により、遅延がほとんど気にならないレベルになり導入が進んでいます。自サイトのサーバーにフォントをアップすることなく使えるWebフォントサービスもあります。有名なものは前ページで紹介した、無料で利用できる「Google Fonts」です。有料のWebフォント提供サービスは、ページの閲覧数によって価格が変わるものが主です。テキストを画像として扱わないので、「更新がしやすくなる」「さまざまなデバイスでもきれいに見える」というメリットがあります。

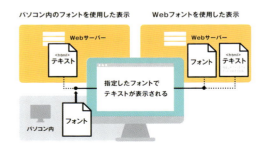

フォントを管理しよう

フォントが増えすぎると、選ぶ手間も増えアプリケーションの起動時間にも影響します。
使いたいフォントだけフォントフォルダに入っているのが理想ですが、
インストールしたフォントを毎回削除するのは手間がかかります。有料ですが、インストールされたフォントには影響せず、フォントの有効／無効の切り替えが容易なアプリケーションを2つ紹介します。

FontExplorer X Pro
https://www.fontexplorerx.com/

インストールされたすべてのフォントを任意のテキストでプレビュー、アプリケーションごとの有効／無効を選択、URLを入力してWebフォントとしてプレビューなど、非常に高機能なアプリケーションです。フォントを任意でフォルダーにまとめ、フォルダー単位で有効／無効を切り替えられます。たとえばプロジェクトで使用しているフォントをまとめておくこともできます。また、インク量を概算で調べることができるなど、印刷の用途に適した機能も備わっています。価格は1ライセンス89.00€です。

RightFont（Mac版のみ）
https://rightfontapp.com/

UIはシンプルですが、こちらも非常に高機能なアプリケーションです。任意のテキストでのプレビュー、必要なフォントの有効／無効やなどがおこなえます。特徴的なのは「Google Fonts」や「Typekit」のフォントが、すぐに使用できるところです。「Google Fonts」をWebフォントとして使用する予定でも、デザインカンプでそれを確認したい場合があります。その際、フォント名で検索してアクティブにすると、インストールすることなくPhotoshopやIllustratorで使用することができます。機能的にWebデザインに適したアプリケーションといえます。価格は1ライセンス$39です。

※価格やサービスの内容は2018年8月現在のものです。

lesson10 — 練習問題

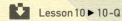

左のPSDデータを、右のようにテキストを調節してみましょう。
次の3つが変更するポイントです。

1. 縦書き文字の中で横倒しの「100」を90°回転させて、横書きの3桁表示にしたい
2. 「おすすめポイント」のリストの行頭記号「・」の後ろでテキストの頭を揃えたい
3. リストの項目の間に余白（15pt）を入れたい

Before

After

1. 縦書きの中で、半角英数文字を回転させて横並びにするには[縦中横]を使用します。[横書き／縦書き文字]ツールでドラッグして「100」を部分選択し、[文字]パネルのパネルメニューから[縦中横]を選択します。「100」が左に90°回転して横書きになります。
2. [レイヤー]パネルでテキストレイヤー「リスト内容」を選択するとフォントサイズは18pxです。[段落]パネルで[1行目左/上インデント]に一18pxと入力して[Return]（[Enter]）キーを押します。1行目だけ行頭が18px左に移動してテキストの頭が揃います。「・」がはみ出した分、段落テキスト全体を右に18px移動させます。
3. リストの間隔を広げたいとき、[文字]パネルの[行送り]ではすべての行間が広がってしまいます。[段落]パネルで、[段落前のアキ]に15ptと入力して[Return]（[Enter]）キーを押します。リストの項目の間隔が広がります。

Photoshopから画像を書き出そう

An easy-to-understand guide to web design

Lesson 11

Photoshopでつくったカンプデータから、JPEGやPNGなどWeb用画像を書き出す方法を解説します。全体を1枚の絵で書き出す、レイヤー単位で必要な部分だけを書き出す、画像アセットの機能を用いて書き出しを自動化するという3つの方法があり、使い分けることができます。また、高精細ディスプレイに対応するための書き出しについても解説します。

11-1 クイック書き出しで画像を書き出す

PhotoshopからWebページ用の画像を書き出すのにもっとも手軽な方法が「クイック書き出し」です。書き出す画像の環境設定を事前にすませておけば、メニューを選んですぐに書き出せます。

ドキュメントをまとめて書き出す

開いたドキュメントをひとつの画像ファイルとして、クイック書き出しから書き出します。

1 「coffeecupL11.psd」をPhotoshopで開き、[ファイル]メニューの[書き出し]→[書き出しの環境設定]を選択します。

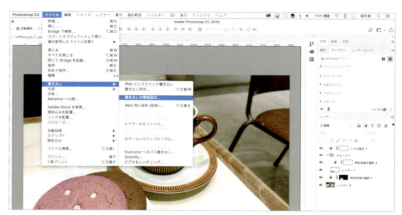

2 [環境設定]ダイアログボックスの[書き出し]が表示されます。[クイック書き出し形式]を[JPG]❶、[画質]を30❷に指定します。[クイック書き出しの場所]は[現在のドキュメントと同じ階層のアセットフォルダーにファイルを書き出し]を選び❸、[メタデータ]は[なし]❹を選びます。[カラースペース]の[sRGBに変換]にチェックし❺[OK]をクリックします。

メタデータとは

撮影したカメラや作成者の情報などは、メタデータとして付加されます。[ファイル]メニューの[ファイル情報]で確認や追記が可能です。

sRGBとは

入出力機器・ソフト・データなど、Webを閲覧するあらゆる箇所で広く採用されているRGBのカラースペース（色域）です。ここではsRGBに基づいた色域を書き出し時に使います。

クイック書き出しの場所

[クイック書き出しの場所]の[書き出すたびに指定]を選ぶと、書き出しの実行時に書き出す先のフォルダーやファイル名をその都度指定できます。

11-1　クイック書き出しで画像を書き出す

3　［ファイル］メニューの［書き出し］→［JPGとしてクイック書き出し］を実行します❶。書き出し元の「coffeecupL11.psd」が保存されているフォルダーに「coffeecupL11-assets」フォルダーが作成され❷、その中に「coffeecupL11.jpg」が書き出されます。

選択したレイヤーごとに書き出す

選択したレイヤーごとに別のファイルに分けて書き出します。メニューを実行する前に、書き出されるファイル名をレイヤー名に設定しておきましょう。

1　［レイヤー］パネルで、「レイヤー1」のレイヤー名をダブルクリックして❶、「coffeecup-front」とレイヤー名を書き換えます。同様に「レイヤー0」❷のレイヤー名を「coffeecup-back」と書き換えます。ここで書き換えたレイヤー名が、書き出し時のファイル名に使われます。

2　「coffeecup-front」レイヤー❶と「coffeecup-back」レイヤー❷を⌘（Ctrl）キーを押しながらクリックして両方選びます。

3　［レイヤー］メニューの［JPGとしてクイック書き出し］を実行します。

4　「coffeecupL11-assets」フォルダーの中に選択したレイヤーが「coffeecup-front.jpg」と「coffeecup-back.jpg」ファイルとして書き出されました。

COLUMN

［書き出し］と［Web用に保存］の違い

Photoshop CC 2015.1より追加された［クイック書き出し・書き出し形式］メニューは、画像の圧縮効率が改善されました。以前よりある［Web用に保存（従来）］メニューは、画質を60よりも下げると極端に画像が劣化するため利用はおすすめしません。しかし、アニメーションGIFの書き出しは［クイック書き出し・書き出し形式］メニューが対応していないため、［Web用に保存（従来）］メニューを用います。

CHECK!

レイヤーを選んだクイック書き出しの色補正

レイヤーを選んでクイック書き出しをすると、そのレイヤーに有効な色調補正レイヤーが適用された状態で書き出されます。

201

Lesson 11　Photoshopから画像を書き出そう

11-2 [書き出し形式]で画像を書き出す

[書き出し形式]メニューは、画像形式や出力サイズなど
細かな設定を書き出す個々のファイルに指定できます。デザインカンプからの
パーツ切り出しなど、複数の画像を一度に書き出すときに便利です。

アートボード単位で書き出す

Lesson11 ▶ 11-2

デザインカンプでよく使われるアートボードを含んだドキュメントを開き、アートボード単位で書き出します。
「PsCompL11.psd」をPhotoshopで開きます。

1　このドキュメントはWebページがレイアウトされたカンプで、アートボードが1つあります❶。このアートボードをPNG24（フルカラー・透過なし）の画像形式で書き出します。[ファイル]メニューの[書き出し] → [書き出し形式]を実行します❷。

2　[書き出し形式]ダイアログボックスの左側には、アートボードの一覧が表示されますので、設定をする「アートボード1」を選びます❶。右側の[ファイル設定]は[PNG]にして、[透明部分]と[ファイルサイズ小]のチェックを外します❷。[メタデータ]❸は[なし]を選びます。[色域空間情報]❹の[sRGBに変換]と[カラープロファイルの埋め込み]にチェックします。これで[すべてを書き出し]をクリックします。

COLUMN

カラープロファイルとは

データの持つ色域情報です。データに埋め込めば、ブラウザなどプロファイル対応ソフトで表示したときにカラーマッチングがより適切になされます。

3　[書き出し]ダイアログボックスで、書き出し先のフォルダーとファイル名を指定します。今回は開いたPSDファイルと同じフォルダーへ保存しました。

PsCompL11.psd　　アートボード1.png

COLUMN

アートボードがあるときの書き出し

[ファイル]メニューの[書き出し] → [書き出し形式]は、すべてのアートボードを個々に書き出します。書き出した画像のファイル名には、アートボード名が使われます。複数のアートボードを一度にまとめて書き出す場合に便利です。これは、11-1で紹介した[ファイル]メニューの[書き出し] → [クイック書き出し]メニューのときも同様です。

選択したレイヤーごとに書き出す

レイヤーごとに画像形式を個別に指定して書き出します。メニューを実行する前に、
書き出す単位でレイヤーをグループ化したり、レイヤー名を書き出したいファイル名に変更しておきましょう。

1　「Jumbotron」グループ内の「May I help you?」❶のレイヤー名をダブルクリックして「Jumbotronimg」に変更します。

2　「Jumbotron」グループ内の「Click」と「ボタン枠」レイヤーを⌘（Ctrl）キーを押しながらクリックして両方選び❶、[新規グループを作成]ボタンをクリックします❷。作成されたグループの名前を「clickbutton」に変更します❸。

3　書き出すレイヤーを選択します。「Jumbotron」グループ内の「clickbutton」❶と「Jumbotronimg」❷、「card-1」グループ内の「coffeecup」❸、「card-2」グループ内の「nagoya」❹、「card-3」グループ内の「gratin」❺を⌘（Ctrl）キーを押しながら選び、[レイヤー]メニューの[書き出し形式]を実行します。

4　[書き出し形式]ダイアログボックスが表示されたら、「clickbutton」と「Jumbotronimg」を⌘（Ctrl）キーを押しながら選択します❶。[ファイル設定]❷で[PNG]を選び、[ファイルサイズ小]をチェックして、PNG8形式（256色・透過あり）を指定します。[メタデータ]は[なし]を選び、[sRGBに変換]と[カラープロファイルの埋め込み]にチェックします❸。

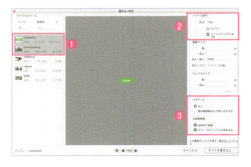

5　その後、写真部分のある「Jumbotronimg」をクリックし❶、[ファイルサイズ小]のチェックを外して❷、PNG32形式（フルカラー・透過あり）を指定します。

COLUMN

レイヤーグループの書き出し

レイヤーグループを選ぶと、グループ単位で書き出します。ボタンなど複数レイヤーで構成された部分を書き出すときに使いましょう。これは、11-1で紹介した[ファイル]メニューの[書き出し]→[クイック書き出し]メニューのときも同様です。

6 書き出し対象の「coffeecup」と「nagoya」と「gratin」を⌘（Ctrl）キーを押しながらクリックして3つ選択します❶。この3つは、写真のためフルカラーでサイズを小さくしたいのでJPEG（フルカラー・圧縮あり）形式で書き出します。［ファイル設定］❷で［JPG］を選び、［画質］を30％に変更します。［メタデータ］は［なし］を選び、［sRGBに変換］と［カラープロファイルの埋め込み］にチェックします❸。

7 プレビューで書き出し後の品質を最終確認します。アートボードを1つずつクリックし❶、ブラウザの表示と同じ100％の倍率❷で表示します。画質が劣化しているようなら、画質が少し高くなるように書き出し設定を変更します。JPEG形式を指定した写真の画質劣化にはとくに注意しましょう。

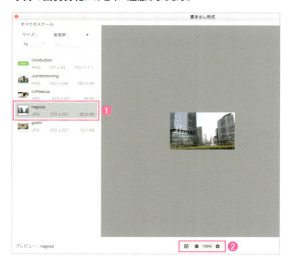

8 高精細ディスプレイの表示に対応するために、ピクセル数を2倍にした画像も書き出しておきましょう。［すべてのスケール］の＋ボタンをクリックし❶、追加された2行目の［サイズ］を［2x］にします❷。［接頭辞］は自動的に［@2x］になります。［すべてを書き出し］ボタンをクリックします。

9 ［フォルダーを選択］ダイアログボックスで、書き出し先のフォルダーを指定します。今回は、開いたPSDファイルと同じフォルダーに「img」フォルダーを新規作成して選びました。書き出し後にそのフォルダーを確認すると、指定した5つのファイルに加えて、ファイル名に「@2x」とあるサイズが2倍の5つのファイルが書き出されています。

高精細ディスプレイ対応とは

ディスプレイの解像度がどんどん高くなっており、1ドットを表示するために縦横2倍のピクセル数が必要なケースも珍しくありません。高精細ディスプレイできれいに表示するのために、倍のサイズの画像が必要です。詳しくは11-4を参照してください。

11-3 画像アセット生成で画像を書き出す

PSDデータを変更するたびに、自動的にレイヤー名で指定した形式の画像が書き出される機能が、画像アセット生成です。修正が何度も入るPSDファイルを扱うときに、常に最新状態が保たれる便利な書き出し方法です。

画像アセット生成のしくみとレイヤーの命名規則

Lesson 11
▶ 11-3

画像が保存されるフォルダー

画像アセット生成は、[ファイル]メニューの[生成]→[画像アセット]にチェックをしておくと、PSDファイルと同じ階層のフォルダーに「PSDファイル名-assets」フォルダー❷が作成され、そこに自動的に画像ファイルが書き出される機能です。書き出すフォルダーの名前や場所を変更することはできません。
[画像アセット]のチェックの状態はPSDファイルに記憶され、チェックを外すまで自動生成が続きます。

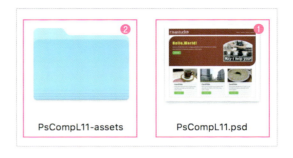

レイヤー名で画像サイズ・形式・品質を指定する

画像アセット生成を利用するためには、右図のような命名規則にしたがってレイヤー名をつけます。アセット名1つが1ファイルを出力し、「+」(プラス)記号でつないで一度に複数の画像ファイルを出力させることができます。アセット名のサイズ指定を省略すると等倍で書き出します。レイヤーを非表示にしても、書き出しの対象からは除外されません。
今回の作例では、1レイヤーごとに等倍と2倍(200%)の2つのファイルをPNGは32ビット(フルカラー・透過あり)、JPEGの品質は30%で書き出すことにします。

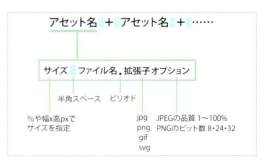

> **CHECK!** **2倍サイズの画像について**
> 書き出した2倍サイズの画像は、高精細ディスプレイに対応するためですが、その詳細と書き出し結果がうまくいかないケースの対策については11-4で説明します。

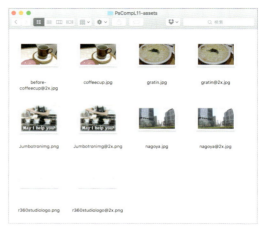

Lesson 11 Photoshopから画像を書き出そう

画像が保存されるタイミング

ファイルを書き出すタイミングは、対象のレイヤーの内容を変更したときです。レイヤー名を変えて書き出すファイル名を変えた場合は、変更前の名前のファイルは削除され、不要なファイルが残ることはありません。同じ名前のファイルがあるときは強制的に上書きされるので、このフォルダーに別のデータを入れないほうが安全です。

基本的な画像アセットの書き出し設定

1. 11-2終了時の「PsCompL11.psd」をPhotoshopで開き、［ファイル］メニューの［生成］→［画像アセット］❶にチェックをつけます。

画像アセットのチェックについて CHECK!

画像アセットはAdobe Generatorテクノロジーを利用した機能です。設定できないときは、［環境設定］メニューの［プラグイン］で［Generatorを有効にする］がチェックされていることを確認してください。

2. 「Jumbotron」グループ内の「Junbotronimg」❶のレイヤー名をダブルクリックして変更します。PNG32（フルカラー・透過あり）形式で等倍と2倍のピクセル数のファイルを書き出すために、次のように命名します。
Jumbotronimg.png32 ＋ 200％ Jumbotronimg@2x.png32

3. 「card-1」グループ内の「coffeecup」❶のレイヤー名をダブルクリックして変更します。JPEG（フルカラー・画質30％）形式で等倍と2倍のピクセル数のファイルを書き出すために、次のように命名します。
coffeecup.jpg30％ ＋ 200％ coffeecup@2x.jpg30％

4. 同じように「card-2」グループ内の「nagoya」❶と「card-3」グループ内の「gratin」❷のレイヤー名を次のように変更します。ファイルを上書き保存すると、画像アセット生成によって、自動的に画像が書き出されます。
❶ nagoya.jpg30％ ＋ 200％ nagoya@2x.jpg30％
❷ gratin.jpg30％ ＋ 200％ gratin@2x.jpg30％

11-3 画像アセット生成で画像を書き出す

レイヤーに余白をつけて画像を書き出す

レイヤーグループのマスクを書き出し範囲とし、余白をつけて画像を書き出します。

1 「Navbar」グループ内の「r360studio」レイヤー❶をクリックし、[レイヤー]メニューの[レイヤーをグループ化]を実行後、作成されたレイヤーグループ❷の名前を次のように変更します。
r360studiologo.png8＋200％ r360studiologo@2x.png8

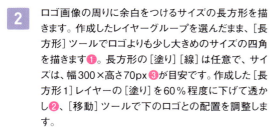

2 ロゴ画像の周りに余白をつけるサイズの長方形を描きます。作成したレイヤーグループを選んだまま、[長方形]ツールでロゴよりも少し大きめのサイズの四角を描きます❶。長方形の[塗り][線]は任意で、サイズは、幅300×高さ70px❸が目安です。作成した[長方形1]レイヤーの[塗り]を60％程度に下げて透かし❷、[移動]ツールで下のロゴとの配置を調整します。

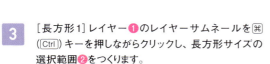

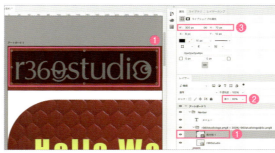

3 [長方形1]レイヤー❶のレイヤーサムネールを⌘（Ctrl）キーを押しながらクリックし、長方形サイズの選択範囲❷をつくります。

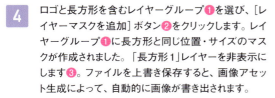

4 ロゴと長方形を含むレイヤーグループ❶を選び、[レイヤーマスクを追加]ボタン❷をクリックします。レイヤーグループ❶に長方形と同じ位置・サイズのマスクが作成されました。「長方形1」レイヤーを非表示にします❸。ファイルを上書き保存すると、画像アセット生成によって、自動的に画像が書き出されます。

5 書き出された画像ファイル「PsCompL11-assets」フォルダー内の「r360studiologo.png」をPhotoshopで開いてみると、ロゴの周囲にマスクと同じサイズの透明な部分が追加されています。これは、レイヤーグループに追加したマスクの範囲が書き出される範囲となったためです。

CHECK! グループレイヤーのマスク範囲の設定方法

ここでは余白にするマスクの範囲をあらかじめ長方形でつくりました。選択範囲を直接描くよりもサイズや位置の調整がしやすく、作業後に長方形を残しておけば、マスクを削除してからの再設定もしやすくなります。

207

Lesson 11　Photoshopから画像を書き出そう

11-4 高精細ディスプレイ向け2倍サイズ画像の書き出し

高精細ディスプレイを考慮してビットマップ画像をきれいに表示するために、
2倍サイズの画像が必要な理由について理解します。Photoshopから
2倍サイズの画像を書き出す際に起こるトラブルを解決する方法も紹介します。

画像サイズを2倍にし高精細ディスプレイに対応する

Lesson11 ▶ 11-4 ▶ DPR-ChangeImg

スマートフォンやタブレットでは、画面の1ドットを1ピクセル以上で表示する高精細ディスプレイが搭載されています。また、AppleのRetinaディスプレイ、MicrosoftのSurfaceや4K対応ディスプレイなど、パソコンのディスプレイにも高精細なものが登場しています。

デバイス・ピクセル比とは

画面の1ドットに必要なピクセル密度は、デバイス・ピクセル比（device pixel ratio）で表します。最近のiPhone・iPadやAndroidは3が主流です。MacのRetinaディスプレイは2が主流です。Windowsはグラフィックボードとディスプレイの性能によって1.25、1.5〜3（ディスプレイ設定のカスタムスケーリングで125％、150％〜300％）とさまざまです。

ピクセル密度の高い高精細ディスプレイでビットマップ画像をきれいに表示するには、デバイス・ピクセル比倍のピクセル数が必要です。たとえば、デバイス・ピクセル比が2の場合だと、表示するサイズの2倍のピクセルが必要です。

1ドット　1ドット　1ドット
比率1　比率2　比率3
1ピクセル　4ピクセル　9ピクセル

デバイス・ピクセル比の確認　CHECK!

ブラウザでJavaScriptプログラムを実行し「window.devicePixelRatio」プロパティの値を確認するのが確実です。次のサイトで手軽に確認できます。
【IPアドレスや画面解像度など確認くん】
https://tools.m-bsys.com/development_tooles/kakunin.php

COLUMN　デバイス・ピクセル比に応じて表示画像を切り替える

高精細ディスプレイのときとそうでないときで、読み込む画像を切り替えられるHTML要素や属性、CSSメディアクエリーが追加されています。例えばimg要素のsrcset属性は、カンマ区切りで画像のパスを併記し、その続きに「2x」のようにデバイス・ピクセル比を指定してデバイスに応じて画像を切り替えます。なお、デバイス・ピクセル比はブラウザによる自動判定で、多少足りなくても近しい解像度なら切り替わります。サンプルファイルの「DPR-ChangeImg.html」で動作やソースコードを確認してみましょう。

Webページ表示の高速化のために画像サイズを減らす

高精細ディスプレイに対応するとデータ量が増えがちですが、外出先などWi-Fiが使えない環境でのインターネット接続は低速度であったり、パケット通信量が増えて通信費がかさんだりする場合があります。そのため、Webページのデータ量をできるだけ減らして、表示速度を速めることが推奨されています。たとえば、Googleではモバイル検索のラ

ンキングにページの表示速度を考慮する検索エンジンのしくみ「Speed Update」が2018年7月より導入されました。データ量を少なくするには、ビットマップ形式の画像をできるだけ減らすことが効果的です。256色カラー画像はベクトル形式のSVG画像、グラデーションやドロップシャドウなどの装飾はCSSを使うなどの方法をとります。

また、高精細ディスプレイに対応させる画像は2倍までとし、データの増えすぎを抑えるケースも多く見られます。それ以上のデバイス密度に対応した機器は画面の小さいモバイル端末が多く、表示の小ささから画像が少し粗くても人間の目では違和感なく閲覧できるからです。このことから、高精細ディスプレイに対応するには表示の2倍のサイズの画像があれば十分といえるでしょう。

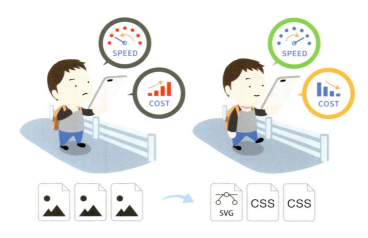

COLUMN
Webページの読み込み速度をチェック

Webページの表示が速いか遅いかをチェックするツールのひとつにGoogle PageSpeed Insights があります。URLを入力して速度チェックをすると測定結果と共に遅くなっている原因もアドバイスされます。
【Google PageSpeed Insights】
https://developers.google.com/speed/pagespeed/insights/

COLUMN
JPEGやPNGを再圧縮するツール

Photoshopから書き出したJPEGやPNGファイルを再圧縮し、ファイルサイズを少なくするツールがいくつかあります。併用することでデータ量を減らすことができますが、最新のPhotoshopでは画像圧縮が最適化されたため、低画質でもきれいに書き出されます。はじめから画質を落として圧縮率を高めておけば、別のツールでの再圧縮は不要になるケースがほとんどです。

【TinyJPG】https://tinyjpg.com/
ブラウザ上で動く再圧縮ウェブアプリ
【ImageOptim】https://imageoptim.com/mac
Mac版 再圧縮ソフト
【Antelope】http://www.voralent.com/ja/products/antelope/
Windows版 再圧縮ソフト

2倍サイズの画像書き出しのトラブルを解決する

2倍のサイズ指定で書き出した画像は、スマートオブジェクトのつくり方によって意図しない状態で書き出されることがあります。その対処法についてまとめておきます。

Lesson 11 ▶
11-4 ▶ 11-4-1

スマートフィルターがあると拡大した書き出しがぼやける

スマートオブジェクトの中身のピクセル数が書き出すピクセル以上なら、画像はきれいに書き出せます。しかし、フィルターをかけたスマートオブジェクトは、配置したオブジェクトサイズを元にして書き出されます。そのため、縮小配置したスマートオブジェクトから書き出した2倍サイズの画像はぼやけます。この問題を回避するには、該当部分を新しい別のPSDファイルに分け、2倍に拡大してから等倍で書き出します。11-3終了時の「PsCompL11.psd」をPhotoshopで開いて試してみましょう。

Lesson 11　Photoshopから画像を書き出そう

1 「contents」グループ内の「card-1」グループ内にある「coffeecup.jpg30％ + 200％ coffeecup@2x.jpg30％」と「写真枠」レイヤー❶を⌘（Ctrl）キーを押しながらクリックして両方選び、⌘+C（Ctrl+C）キーでコピーします。

2 コピー後に「coffeecup.jpg30％ + 200％ coffeecup@2x.jpg30％」のレイヤー名を「coffeecup.jpg30％ + 200％ before-coffeecup@2x.jpg30％」に変更し、「PsCompL11.psd」ファイルを上書き保存します。

3 ［ファイル］メニューの［新規］を選び、［新規ドキュメント］ダイアログボックスの［クリップボード］を選択して❶、［ファイル名］に「coffeecup@2x」と入力し❷、［作成］ボタンをクリックします。続いて表示される［新規］ダイアログボックスはそのまま［OK］します。

4 新規ファイルが作成されたら、⌘+V（Ctrl+V）キーで2つのレイヤーをペーストします。「coffeecup.jpg30％ + 200％ coffeecup@2x.jpg30％」のレイヤー名を「coffeecup@2x」❶に変更します。［ファイル］メニューの［保存］で「PsCompL11.psd」と同じフォルダーに「coffeecup@2x.psd」というファイル名❷で保存します。

5 ［イメージ］メニューの［画像解像度］を選び、［画像解像度］ダイアログボックスで［縦横比を固定］❶を有効にし、［幅］を2倍サイズの744pixelに変更して❷、［OK］をクリックします。

6 「coffeecup@2x」レイヤーを選択し、［レイヤー］メニューの［書き出し形式］を実行します。［ファイル設定］を［JPG・30％］にして❶、PSDファイルと同じフォルダーへ書き出します。

7 「before-coffeecup@2x.jpg」（PsCompL11-assetsフォルダー内）と「coffeecup@2x.jpg」をPhotoshopで開いて比較しましょう。前者はぼやけていますが、後者はきれいに書き出されています。

ベクトルデータを変形した際の2倍サイズの書き出し

Lesson 11 ▶ 11-4 ▶ 11-4-2

スマートオブジェクトの中身がベクトルデータなら、拡大してもきれいに書き出せます。
しかし、データのつくり方によっては、2倍サイズの書き出しがうまく処理されないことがあります。

- パターン塗りしたシェイプを含むスマートオブジェクトに［編集］メニューの［変形］→［ワープ］を設定
- テキストを含むスマートオブジェクトに［編集］メニューの［変形］→［ワープ］を設定

このような場合も、該当部分を単独のPSDファイルに分け、オブジェクトを2倍サイズに拡大してから等倍で書き出すことで解決します。「warp.psd」をPhotoshopで開いて試してみましょう。

1. 「colorful.png8 + 200％ colorful@2x.png8」レイヤーには「パターンで塗りつぶしたシェイプとテキスト」を含んだスマートオブジェクトがあり、［ワープ］による変形が適用されています。このPSDから書き出されたアセット「warp-assets」フォルダー内の2倍サイズの「colorful@2x.png」を確認するとパターンとテキストからワープの効果が外れた状態になっています。

colorful.png

colorful@2x.png

2. 2倍の画像を書き出さないように「colorful.png8 + 200％ colorful@2x.png8」レイヤーの名前を「colorful.png8」と書き換えて、ファイルを上書き保存します。

3. 2倍サイズ書き出し用の新しいPSDを作ります。［ファイル］メニューの［別名で保存］を選び、「warp@2x.psd」の名前で新しいファイルを作ります。

4. 「colorful.png8」レイヤーの名前を「colorful@2x」と書き換えます。［イメージ］メニューの［画像解像度］を選び、［画像解像度］ダイアログボックスで［再サンプル］にチェックして❶、［縦横比を固定］を有効にし❷、［幅］を1200pxにして❸、2倍のサイズに拡大します。

5. 「colorful@2x」レイヤーを選択し、［レイヤー］メニューの［書き出し形式］を実行します。［ファイル設定］を［PNG・ファイルサイズ小］にして❶、PSDファイルと同じフォルダーへ書き出します。

6. 書き出されたファイル「colorful@2x.png」を開いて確認してみましょう。今度は、パターンとテキストにもワープの効果がきちんと適用された状態で、2倍サイズで書き出すことができています。

Lesson 11 Photoshopから画像を書き出そう

lesson 11 ― 練習問題

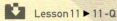 Lesson 11 ▶ 11-Q

「figs-collage.psd」を開き、次の4つの画像をそれぞれ異なる画像形式で、画像アセット生成を使って書き出しましょう。
調整レイヤーによる補正を忘れないように注意します。

- 「フレーム」レイヤーをフルカラー・透過ありで、ファイル名は「fig-frame.png」
- 「テキスト」レイヤーを256色カラー・透過ありで、ファイル名は「fig-txt.png」
- 「背景」レイヤーを品質30％・JPEGで、ファイル名は「fig-photo.jpg」
- 画像全体を品質30％・JPEGで、ファイル名は「figs-collage.jpg」

Before

After

❶ Photoshopで「figs-collage.psd」を開き、[ファイル]メニューの[生成]→[画像アセット]にチェックをつけます。

❷ [レイヤー]パネルで「フレーム」レイヤーの名前をダブルクリックし、レイヤー名を「fig-frame.png32」に変更します。

❸ 「テキスト」レイヤーの名前をダブルクリックし、レイヤー名を「fig-txt.png8」に変更します。

❹ 「レベル補正1」と「背景」レイヤーを⌘([Ctrl])キーを押しながらクリックして両方選び、[レイヤー]メニューの[レイヤーをグループ化]を実行します。作成されたレイヤーグループの名前をダブルクリックし、レイヤー名を「fig-photo.jpg30％」に変更します。

❺ すべてのレイヤーを⌘([Ctrl])キーを押しながらクリックして選び、[レイヤー]メニューの[レイヤーをグループ化]を実行します。作成されたレイヤーグループの名前をダブルクリックし、レイヤー名を「figs-collage.jpg30％」に変更します。

❻ [ファイル]メニューの[保存]を実行し、上書き保存します。「figs-collage.psd」と同じ階層にある「figs-collage-assets」フォルダへファイルが書き出されているのを確認します。

Illustratorから画像を書き出そう

An easy-to-understand guide to web design

Lesson 12

Illustratorで制作したデザインカンプなどから画像を書き出すとき、従来はスライス機能を使用していたかもしれません。現在はアセット機能の使用が推奨されていますので、ここでアセット機能の使い方を理解しましょう。あわせて、SVG形式で書き出した画像を簡単に最適化する方法についても学びましょう。

Lesson 12　Illustratorから画像を書き出そう

12-1 オブジェクトやグループをアセットに登録する

Illustratorでは、[アセットの書き出し]パネルで画像として書き出したい対象を管理できます。[アセットの書き出し]パネルを表示し、そこにオブジェクトをドラッグして登録してみましょう。

オブジェクトをアセットとして登録する

Lesson 12 ▶ coffee_icon.ai

1 [アセットの書き出し]パネルアイコン❶をクリックしてパネルを表示します。[アセットの書き出し]パネルアイコンが見当たらない場合は[ウィンドウ]メニューから[アセットの書き出し]を選択します。[書き出し設定]の左の▶❷をクリックして、設定項目を展開した▼の状態にします。

2 パネル右上のアイコンで対象デバイスを選択します。ここではiOSを対象にします。[iOS]をクリックすると、パネルには[1x][2x][3x]のPNGと、SVGの4つの出力サイズと形式が追加されます。

3 登録したいオブジェクトを[アセットの書き出し]パネルにドラッグします。

4 このままでは「アセット 1」という名前で画像が書き出されてしまうので、「アセット 1」部分をダブルクリックして、書き出したいファイル名に変更します。ここでは例として「image」という名前にしました。

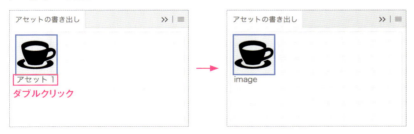

アセットの書き出し

1 書き出したいアセットのアイコンをクリックして選択状態（青い枠で囲まれた状態）にしておきます。

2 ［アセットの書き出し］パネル右下の［書き出し］をクリックします。
すると、以下のようなファイルが書き出されるはずです。

- image.png
- image@2x.png
- image@3x.png
- image.svg

ファイル名に「@2x」や「@3x」がついているPNG画像は、Retinaディスプレイ用の画像です。「2x」は従来のディスプレイの2倍、「3x」は3倍となります。拡張子が「.svg」になっているものは、SVG形式のベクトル画像です。

Lesson 12　Illustratorから画像を書き出そう

12-2 IllustratorでSVGを書き出す設定

シンプルなアイコンやロゴなど、SVGで表現しやすい図形は極力SVGで書き出す習慣をつけましょう。SVGは軽量でRetinaディスプレイでも美しいなどメリットも多い反面、気をつけなければいけないことも多いので設定の各項目の意味を知りましょう。

設定パネルを開く

1. ［アセットの書き出し］パネル右上のパネルメニューをクリックし❶、［形式の設定］を選択します❷。

2. 表示される［形式の設定］ダイアログボックスで各画像形式の書き出しの設定が変更できます。左側の画像形式で［SVG］を選択します。

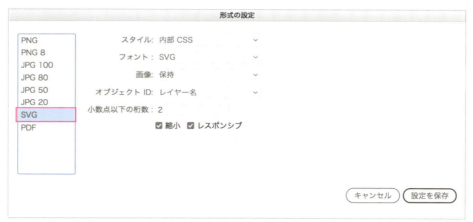

［スタイル］

- 内部CSS：オブジェクトの色などはstyle要素の中にまとめて記述されます。
- インラインスタイル：各要素ごとにstyle属性で書かれます。
- プレゼンテーション属性：各要素ごとにSVGの記法で記述されます。

シンプルなアイコンやロゴなど、オブジェクト数が少ない場合は［プレゼンテーション属性］が軽量になることが多いです。

[フォント]

- アウトラインに変換：フォントのアウトラインデータ（文字を図形に変換したデータ）が含まれます。
- SVG：フォント名のCSS指定＋文字列のテキストデータがSVGに含まれ、アウトラインデータなどは含まれません。指定したフォントがインストールされていない環境ではフォントが変わります。

SVG内のフォントの見た目が変わってほしくないなら［アウトラインに変換］を選択するとよいでしょう。しかし、大量のテキストを含む場合ファイルサイズが大きくなりすぎることがあります。その場合はSVGではなく、HTMLにテキストとして書くなど別の表現を検討しましょう。

[画像]

- 保持：Illustratorの［リンク］パネルで画像を埋め込んでいるかどうかで変わります。
- 埋め込む：画像の内容そのものを含みます。
- リンク：HTMLのimg要素のように画像のパスが内部に書かれるだけで、画像の内容そのものは含まれません。

配置された写真などの画像を含む場合にその画像をSVG内部に埋め込むかどうかを決めることができます。通常は［埋め込む］が無難ですが、そもそも写真などを含む場合はSVGではなくJPEGなどほかの形式を検討したほうがよいでしょう。

[オブジェクトID]

- レイヤー名：レイヤー名やオブジェクト名がそのままIDになります。
- 最小：ファイルサイズを軽量化できますが、IDがつかない場合があります。
- 固有：ランダムな半角英数字を使用したIDになります。

SVGの各要素にIDが必要ない場合は［最小］、IDが必要な場合はレイヤー名を半角英数字にして［レイヤー名］を選択することをおすすめします。

[小数点以下の桁数]

初期設定は2です。桁数を減らすほどファイルサイズが小さくなるメリットがありますが、パスの精度が低くなり、不自然な形に見えてしまうことがあります。精密なイラストや図形の場合は3をおすすめします。

[縮小]

チェックすると、行頭のインデントや余分な改行などがなくなります。通常はチェックしておくといいでしょう。書き出したSVGをテキストエディタで編集する場合は、チェックを外すとコードが見やすくなる場合もあります。

[レスポンシブ]

チェックすると、SVG内のwidthとheight属性がなくなります。その場合、SVGを背景画像に指定すると予期しない表示になったり、Internet Explorerで表示比率がおかしくなる場合がありますので、通常はチェックしないほうがよいでしょう。

12-3 書き出したSVGの最適化

Illustratorから書き出されたSVGは軽量とはいえません。
SVGファイルの中身はXMLなので、テキストエディタを使用して
むだなコードを減らすことも可能ですが、数クリックでSVGを
軽量化できるアプリやWebアプリを使用するとよいでしょう。

SVGOMGを利用する

SVGを軽量化できる有名なツールに「SVGO」があります。これはターミナル（いわゆる黒い画面）からコマンドを文字入力してSVGファイルを指定しなければならず、慣れていない人には敷居が高く感じるでしょう。そこで、SVGOを気軽に使用できるWebアプリのSVGOMGを紹介します。

1 Googleで「SVGOMG」というキーワードで検索すると1位に表示されるはずです。ブラウザでhttps://jakearchibald.github.io/svgomg/ を表示します。［Open SVG］をクリックしてIllustratorから書き出したSVGファイルを選択します。

2 SVGをアップロードすると、画面右側にどのような設定にするかを決めるためのパネルが表示されます。［Precision］❶は精度で、低く（左側に）するほどファイルサイズは小さくなりますが図形も粗くなっていきます。最低でも2はほしいところです。画面下にファイルサイズと何％に削減したか表示されます❷。その右にあるダウンロードボタンをクリックすると❸、軽量化されたSVGファイルがダウンロードできます。［Clean IDs］、［Remove viewBox］、［Merge paths］は、意味がわからない場合はオフにしておくことをおすすめします。

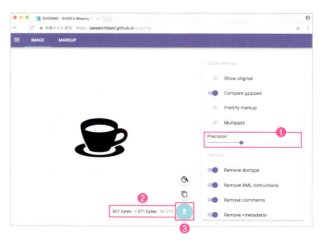

ImageOptim (Mac)

たくさんのSVGを高速に軽量化したい場合、あるいはSVGをWebアプリにアップロードしたくない場合は「ImageOptim」（イメージオプティム）などのネイティブアプリを使用するとよいでしょう。ImageOptimはMac専用のアプリで、SVGだけでなくPNGやJPEGなど、Webで使用する画像をウインドウにドラッグするだけで最適化できます。SVGの最適化にはSVGOまたはsvgcleanerが使用されます。

12-3 書き出したSVGの最適化

1. 以下のページにアクセスし、[Download for Free]をクリックしてアプリケーションをダウンロードします。ダウンロードしたアプリケーションを、Finderで[アプリケーション]フォルダーに移動してから起動しましょう。
https://imageoptim.com/mac

2. 起動したら、ウインドウにSVGなどの画像ファイルをドラッグするだけで最適化されて上書きされます。SVGOMGと違い、細かい設定はできません。

SVGO GUI (Windows/Mac)

Macユーザーには前述したImageOptimの使用をおすすめしますが、Windowsユーザーには代わりにSVGO GUIを紹介します。WindowsでもMacでも利用できます。

1. Googleで[SVGO GUI]で検索し、以下のGitHubのページにアクセスしましょう。
"svgo-gui/README.md at master · svg/svgo-gui · GitHub"
https://github.com/svg/svgo-gui/blob/master/README.md

2. [Download and use]見出しの下にある[Windows]の右にあるリンクをクリックしてアプリをダウンロードします。

3. ダウンロードしたファイルは7-Zip (.7z) 形式になっています。Googleで「7-Zip」で検索するか、Windows Storeなどから7zファイルを展開できるアプリをダウンロードし、それを使用して「svgo-gui」の7zファイルを展開し、インストールし、起動します。

> **CHECK!** 「7-Zip」ツールのインストール
> 7-Zip形式のファイルの圧縮・展開には「7-Zip for Windows」のようなソフトがあります。下記のURLからダウンロードできます。
> https://sevenzip.osdn.jp/

4. 展開された「svgo-gui-win-ia32」→「svgo-gui」フォルダーにある「svgo-gui.exe」アプリケーションを起動します。[Drag your SVG…]と書かれたウインドウにSVGファイルをドラッグすると、自動的に軽量化されて上書きされます。SVGOMGと違い、細かい設定はできません。

> **CHECK!** SVGO GUIの代替アプリ
> SVGO GUIは最近アップデートされていません。もし今後使用できなくなった場合はspritebotなどの代替アプリを試してください。
> https://github.com/thomasjbradley/spritebot

12-4 IllustratorでPNGやJPGを書き出す設定

PNGやJPEGの書き出しは慣れているから大丈夫と思っている人も、
Retinaディスプレイ用のサフィックス形式などあらためて確認しておきましょう。

ファイル形式と画質の指定

［アセットの書き出し］パネルで［書き出し設定］にある、サフィックス形式右側の［PNG］プルダウンをクリックし、
ファイル形式と画質を選択することができます。

PNG形式

- PNG：フルカラーのPNGになります。
- PNG 8：256色以下のPNGになります。

JPEG形式

- JPEG 100：JPEG形式で画質100％となります。圧縮率が低く、ファイルサイズが大きいため、Web用の画像としては使用することはないでしょう。
- JPEG 80：JPEG形式で画質80％となります。1xサイズ、つまりRetinaディスプレイではない従来の密度のディスプレイ用として使用することが多いでしょう。
- JPEG 50：JPEG形式で画質50％となります。圧縮率が高くファイルサイズが小さくなります。従来の密度のディスプレイ用として使用すると画質が荒く見えてしまうことがありますが、Retinaディスプレイではちょうどよい画質といえるでしょう（COLUMN参照）。
- JPEG 20：JPEG形式で画質20％となります。ファイルサイズは小さいですが、画質がかなり粗いため使用する機会は少ないと思います。

COLUMN

なぜRetinaディスプレイでは画質50％でよいのか

よく「Retinaディスプレイの用のJPEG画像はファイルサイズが大きくなりすぎる」といわれますが、その理由は「従来のディスプレイ用と同じ画質でJPEG圧縮しているため」です。しかし、Retinaディスプレイ用であれば画質は40％〜50％程度で十分です。JPEGの画質を大きく下げた場合「ブロックノイズ」と呼ばれるタイル状のノイズが見えることがありますが、これはJPEGは8px四方ごとに画像の圧縮をおこなうため、その境界が見えてしまうことが原因です。しかし、

Retinaディスプレイは従来のディスプレイと比較して極めて密度が高いため、ブロックノイズのサイズも小さく見え、目立たなくなります。実際に、RetinaディスプレイでJPEG画質50％程度の@2xサイズの写真を見てみると、それほど汚く見えないことがわかります。なお@2xサイズの風景写真の場合、JPEG画質30％〜40％程度で従来の画像とほぼ同じファイルサイズ、JPEG画質50％で従来の画像よりやや大きいファイルサイズになる場合が多いです。

サフィックス形式について

サフィックス（suffix＝接尾辞）は、複数のサイズや画質で同じ画像を書き出すときに、ファイル名がかぶらないようにするためにつけられます。一般的に、従来のディスプレイ用の画像のファイル名が「image.png」だった場合、同じ内容でRetinaディスプレイ対応でピクセル密度2倍のものは「image@2x.png」、ピクセル密度3倍のものは「image@3x.png」という名前をつけられます。

1. ［拡大・縮小］で［2x］を選択すると［サフィックス形式］に［@2x］と追加されます。

2. ［PNG 8］を選択すると［-8］と追加されますが、一般的に画質をサフィックスでつけるケースは少ないでしょう。

3. ［-8］など不要なサフィックスは［サフィックス形式］から削除しておけばファイル名に余分なサフィックスがつくことはありません。

詳細な設定

［PNG］のオプション

1. ［アセットの書き出し］パネル右上のパネルメニューをクリックし❶、［形式の設定］を選択します❷。

2. ［形式の設定］ダイアログボックスの左側で［PNG］を選択します。

- アンチエイリアス：広告バナーなど画像内に文字が含まれる場合は［文字に最適（ヒント）］がよいでしょう。
- インターレース：チェックすると、ブラウザでPNG画像が読み込まれるときに上から順に表示するのではなく、全体がモザイク状に表示され、徐々に鮮明に表示されていきます。

［PNG 8］の色数の指定 CHECK!

［PNG 8］の場合、［カラー］を256以下に下げることができます。数値＝色数です。色数を減らせばファイルサイズは削減できますが、通常は256でよいでしょう。

［JPG 100～20］の［圧縮方式］

［ベースライン（標準）］［ベースライン（最適化）］［プログレッシブ］の3種類あります。ベースラインは上から順に画像が表示され、プログレッシブはPNGのインターレースと同じようにモザイク状に表示されます。一般的に［ベースライン（標準）］よりも［ベースライン（最適化）］のほうがファイルサイズがやや小さくなる傾向があります。画像の内容によっては［プログレッシブ］のほうがさらに小さくなる場合もあります。

Lesson 12　Illustratorから画像を書き出そう

12-5 マスクしたオブジェクトの書き出し

Illustratorで写真を長方形のオブジェクトなどでマスクし、
アセットの書き出しパネルにドラッグして書き出すと余計な透過部分が
できてしまい、そのまま使用できないことがあります。その解決方法を解説します。

Illustratorでマスク画像をアセットに登録する

Lesson 12 ▶ neko.jpg

Illustratorでマスク画像をアセットに登録すると、マスク範囲が透明の元の画像サイズで書き出されてしまいます。

1 ［ファイル］メニューの［配置］から写真を選択して配置します。

2 ［長方形］ツールでドラッグして、配置した写真に重なるように長方形を作成します。

3 ［選択］ツールで写真と長方形の2つを選択し、⌘+7（Ctrl+7）キーでクリッピングマスクにします。

4 ［アセットの書き出し］パネルを表示して、マスクした図形をパネル内にドラッグします。

ドラッグ

5 登録されたアセットの名前を半角英数字で適切なものに書き換えます❶。
［形式］は写真であっても［PNG］を選択します❷。
［書き出し］ボタンをクリックします❸。

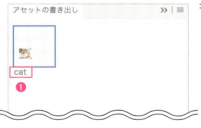

222

6 Photoshopで書き出した画像を確認すると、透明部分まで含んだ画像になっています。
本来はマスクした猫の部分だけ使いたいのですが、これではWebで使用する際に問題があります。

CHECK!
マスク画像では透明部分が残る
この問題は多くの人がAdobeに要望を出しているため、読者がこの本を読んでいる時点ではすでに修正されているかもしれません。

Photoshopのアクションで透過部分をトリミングする

Illustrator単体では余計な透明部分をトリミングすることは難しいため、Photoshopの[トリミング]で透明ピクセルを削除します。なお、透過部分が含まれない画像、たとえばJPEG画像はこの方法は利用できません。同じ処理が繰り返し発生することを考えて、アクションに登録してバッチ機能でできるようにするといいでしょう。

透過部分をトリミングするアクションを作成する

書き出した画像の透明部分をトリミングする操作をPhotoshopのアクションに記録します。
Photoshopでなにか1つの画像を開いて次のように操作をおこないます。

1 Photoshopで[ウィンドウ]メニューの[アクション]を選択し❶、[アクション]パネルを表示します。[アクション]パネル下の[再生]ボタンの右にある[新規セットを作成]ボタンをクリックします❷。

2 [アクションセット名]にここでは「書籍のアクション」と入力し、Return（Enter）キーを押します。

3 [アクション]パネル下部の[ゴミ箱]ボタンの左にある[新規アクションを作成]ボタンをクリックします。

4 アクション名に「透過部分トリミング」と入力し❶、[セット]が[書籍のアクション]になっていることを確認して❷、Return（Enter）キーを押します。これ以降の操作が記録されます。

記録したい操作をおこなう

1. [ファイル]メニューから[開く]を選択し、Illustratorから書き出されたPNG画像を開きます。[イメージ]メニューの[トリミング]で[透明ピクセルを選択]を選択し❶、[上端][下端][左端][右端]すべてにチェックします❷。

CHECK!
ファイルを開く操作
あらかじめ操作対象のファイルを開いていた場合は、開く操作は不要です。

2. ⌘+Shift+S（Ctrl+Shift+S）キーを押して、[フォーマット]から[JPEG]を選択し❶、ファイル名は変更せずに❷保存します。

3. [JPEGオプション]は任意に設定します。

4. [アクション]パネル左下の[停止]ボタンを押します。ここまでの一連の操作が記録されました。

バッチ機能でアクションを実行して自動処理する

作成したアクションを実行して、フォルダー内の画像をまとめてトリミングしてみましょう。バッチ機能を使えば複数の画像も簡単に処理できます。

1. [ファイル]メニューから[自動処理]→[バッチ]を選択します。

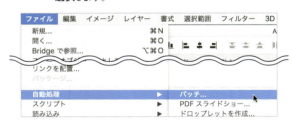

2. [バッチ]ダイアログボックスが表示されます。[セット]で先ほど作成した[書籍のアクション]を選択し❶、[アクション]は[透過部分トリミング]❷を選択します。

3 ［ソース］内の［選択］❶をクリックしてアクションを実行したい画像が入っているフォルダーを選択します。［"開く"コマンドを無視］にチェックします❷。

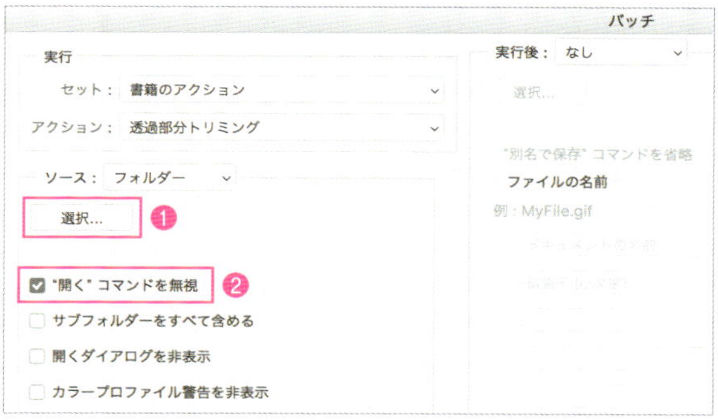

CHECK！

"開く"コマンドを無視

あらかじめ操作対象のファイルを開いてから記録していた場合は、［透過部分トリミング］アクションに［開く］操作は記録されていないので、ここにチェックをしないでもとくに問題はありません。

4 ［実行後］内の［選択］❶をクリックして画像を書き出したいフォルダーを選択します❷。［"別名で保存"コマンドを省略］にチェックを入れます❸。［OK］ボタンをクリックするか、Return（Enter）キーでバッチ処理が実行されます。

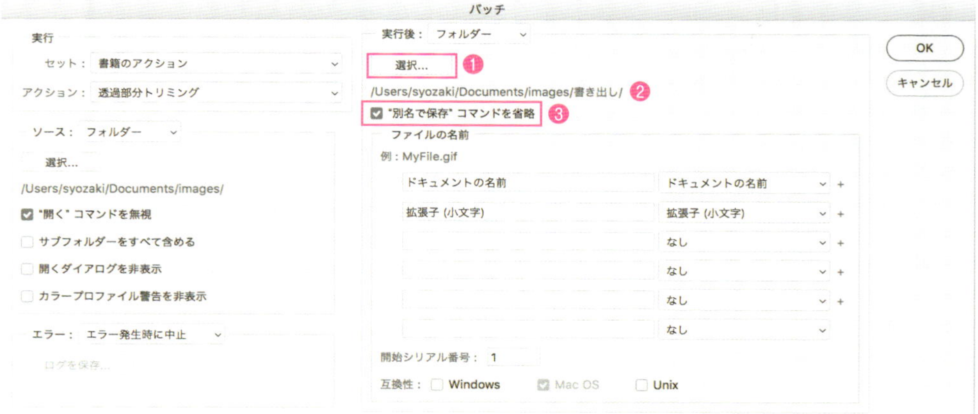

この方法で書き出したJPEG画像は、画質の割にむだにファイルサイズが大きくなっています。最適化したい場合は、12-3で紹介したImageOptimのようなアプリを使用します。

COLUMN

Illustratorでマスクした写真の書き出しは難しい

Illustratorでマスク付きのオブジェクトをJPEG形式で書き出した場合、透過部分がなくJPEG特有のブロックノイズもあるため、この方法では残念ながらうまくいきません。そのためIllustratorではPNG形式で書き出しています。筆者はJPEG画像にしたいときはIllustratorでは書き出さず、元の写真をPhotoshopで適切な大きさに縮小やトリミングしてJPEGで書き出し、それを使用することが多いです。

Lesson 12 Illustratorから画像を書き出そう

lesson 12 — 練習問題

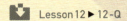

3-6「アイコンを制作してみよう」でIllustratorで制作したアイコンをSVG形式で書き出し、ImageOptimやSVGOMGなどを使用して最適化してみましょう。そのとき、どれくらいファイルサイズが減少したか確認してみましょう。

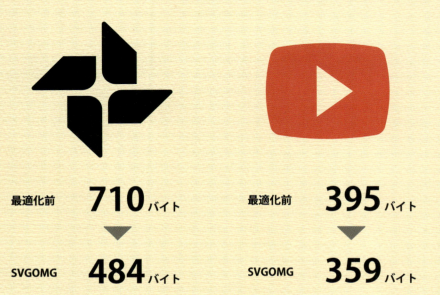

最適化前 **710** バイト

SVGOMG **484** バイト

最適化前 **395** バイト

SVGOMG **359** バイト

❶ [アセットの書き出し] パネルの [書き出し設定] の左の [▶] をクリックして [▼] の状態にします。
❷ [SVG] 以外の右側の [×] をクリックし、SVG形式のみにします。
❸ 登録したいオブジェクトを [アセットの書き出し] パネルにドラッグします。
❹ 「アセット 1」部分をダブルクリックして書き出したいファイル名にします。
❺ [書き出し] をクリックします。
❻ 12-3「書き出したSVGの最適化」を参考に、SVGOMGやImageOptimを使用してSVGを最適化し、どれくらいファイルサイズが減少したか確認してみましょう。

XDからの
画像書き出しと
コーダーとのデータ共有

An easy-to-understand guide to web design

Lesson 13

画像書き出しの便利さや設定の精密さではPhotoshopやIllustratorに軍配が上がりますが、XDでもPNG、JPG、SVGといった形式で画像を書き出すことができます。ワークフローにおいてXDが圧倒的に有利なのが、コーディングで必要になるデザインの指定データを手軽に参照して伝えることができる「デザインスペック」機能です。

Lesson 13　XDからの画像書き出しとコーダーとのデータ共有

13-1 XDから画像を書き出そう

ワークフローでレイアウトデータから画像を書き出す場面は、
「作業途中の確認用に1枚絵の画像を書き出す」と
「レイアウト完了後のコーディング用に画像を書き出す」の2つに大別できます。
XDはどちらにも対応できます。

アートボード全体を画像として書き出す　　Lesson 13 ▶ 13-01-01.xd

デザインカンプ作成途中の確認用に、個々のアートボードを1枚の画像として書き出してみましょう。
サンプルファイルの「13-01-01.xd」を開いて操作してください。

1 [選択範囲]ツールを使って、書き出したいアートボードの名前部分をクリックして選択します。アートボードを複数選択するには、Shiftキーを押しながら名前部分をクリックするか、外側からアートボードを囲むようにドラッグしましょう。

2 [ファイル]メニューの[書き出し]→[選択済み]を選択するか、ショートカットの⌘＋E（Ctrl＋E）キーを押します。

3 ファイル書き出し（Windowsでは[アセットを書き出し]）ダイアログボックスが表示されます。[フォーマット]（Windowsでは[形式]）のドロップダウンメニュー❶で利用したい画像形式を選択し、必要に応じて設定しましょう。

SVG
メールやチャットアプリ上で表示しづらい形式なので、確認目的では選択しません。

PDF
[選択したアセットの保存形式]の項目で、すべてのアートボードを1ファイルにするなら[単独のPDFファイル]（Windowsでは[単一のPDFファイル]）、別々のPDFに分けるなら[複数のPDFファイル]を選択します。

JPG
[画質]20％、40％、60％、80％、100％から選択します❶。[書き出し先]（Windowsでは[書き出し設定]）で、[デザイン]を選択しましょう❷。等倍の画像だけが書き出されます。

PNG
[書き出し先]（Windowsでは[書き出し設定]）の項目で[デザイン]❷を選択すると、等倍の画像だけを書き出してくれるので、これを確認用に利用しましょう。

13-1　XDから画像を書き出そう

4 画像を書き出すフォルダー（Windowsでは［書き出し先］の［変更］ボタンをクリックして選択）を指定し❶、［書き出し］ボタンをクリックします❷。指定したフォルダに画像がきちんと書き出されているか、確認しましょう。

Webサイト向けに画像を書き出す

Webサイトをコーディングするためのパーツとして、グループやオブジェクト単位で切り出して画像を書き出す方法です。引き続き、サンプルファイルの「13-01-01.xd」を操作してください。

書き出す画像単位でグループ化する

複数のオブジェクトから構成されるグラフィックを1枚の画像として書き出す場合には、あらかじめグループ化しておく必要があります。単独のオブジェクトを書き出す場合には、そのままでOKです。

1 サイトのマークとロゴをグループ化し、1枚の画像として書き出してみましょう。［選択範囲］（選択）ツールを使って、マークとロゴのオブジェクトを Shift キーを押しながらクリックして両方選択し❶、［オブジェクト］メニューの［グループ化］を選びます❷。

2 ウィンドウ左下の［レイヤー］アイコンをクリックして❶、［レイヤー］パネルを開きます。書き出したいグループや画像の名前部分をダブルクリック❷して名前を変更します。書き出し後のファイル名となりますので、半角英数字で拡張子を除いた名前に変更しましょう。

CHECK！ 位置や大きさに小数点のついたオブジェクトを整数値に揃える

XDはオブジェクトのグリッドへの吸着力が非常に強いですが、複数オブジェクトの大きさをまとめて変更したときなど、意図せずに位置や大きさに小数点がついてしまう場合があります。そのまま書き出すとPNGやJPGなどのラスター画像がにじむ原因になりますので、修正しておきましょう。小数点のついたオブジェクトを選択❶し、［オブジェクト］メニューの［ピクセルグリッドに整合］を選ぶと❷、整数値に揃います。ただしこの方法では、Illustratorなどで作成した複雑な形状のパスの場合、アンカーポイントが意図しない位置に整合する場合などもありますので、よく確認しながら利用してください。

書き出すオブジェクトやグループを選択する

1 アートボード上で[選択範囲](選択)ツールを使って書き出したいオブジェクト(またはグループ)を選択します。複数選択するには Shift キーを押しながらクリックするか、必要なオブジェクトを囲むようにドラッグして選択します。

2 [ファイル]メニューの[書き出し]→[選択済み]を選択するか、ショートカットの⌘＋Ｅ(Ctrl＋Ｅ)キーを押します。

3 書き出し([アセットを書き出し])ダイアログボックスが表示されます。
[フォーマット](Windowsでは[形式])のドロップダウンメニューで利用したい画像形式を選択します。形式によって設定画面が変わります。

画像形式ごとの詳細を設定する

PNG

- [書き出し先](Windowsでは[書き出し設定])対象とするデバイスを選択すると、それに合わせて[デザイン]は1枚、[Web]は2枚、[iOS]は3枚、[Android]は6枚と、自動的に複数サイズの画像が書き出されます。ここでは[Web]を選びます。
- [設定サイズ]本書ではXDのレイアウトは等倍で作成していますので、[1x]を選択します。[Web]向けでは自動的に等倍と2倍サイズの画像がセットで書き出されます。

PDF

コーディング用の画像でPDFを選ぶケースはほとんどないと思いますが、クライアントなどへの確認で画像だけ見せたい場合などに選択します。

- [単独のPDFファイル](Windowsでは[単一のPDFファイル])複数画像をページにまとめた1ファイルにします。
- [複数のPDFファイル]画像ごとに複数のPDFに分かれます。

SVG

- [画像を保存]書き出すオブジェクトにビットマップ画像が含まれているときの扱いを選びます。[埋め込み]を選択すると画像はData URI schemeによりテキストデータとしてSVGのコード内に埋め込まれ、[リンク]を選択すると画像は外部ファイルにリンクされる形になります。
- [ファイルサイズを最適化(縮小)](Windowsでは[最適化済(縮小化済)])チェックすると、SVGファイル内のコードの改行などが削除された、ミニマムな形式になります。ファイル容量をできるだけ小さくできます。

JPG

- [画質]20％、40％、60％、80％、100％の中から選択します。
- [書き出し先](Windowsでは[書き出し設定])PNGの場合と同じです。ここでは[Web]を選びます。
- [設定サイズ]PNGの場合と同じです。ここでは[1x]を選択します。

[設定サイズ]の考え方 CHECK!

非常に混乱を招くのですが、[1x]というのは「いまつくっているレイアウトは書き出しサイズと等倍で作成している」ということを表しています。[2x]を選ぶと「2倍で作成している」ことになり、1/2サイズと等倍の画像がセットで書き出されます。たとえばiPhone 6/7/8用(375×667ピクセル)のレイアウトを2倍の750×1334ピクセルで作成している場合には[2x]を選択してください。

13-1　XDから画像を書き出そう

CHECK!

書き出しの詳細設定が見つからない場合

Macでここで説明した画像の詳細設定が見つからない場合は、書き出しダイアログボックス内の[オプション]ボタンをクリックすると表示されます。

複数画像書き出し時に異なる画像形式を選択できない

PhotoshopやIllustratorでは複数画像を書き出す際に画像ごとに異なる形式を設定できますが、XDは書き出し（[アセットを書き出し]）ダイアログボックスで画像ごとに異なる形式は設定できません。書き出すオブジェクトやグループを選択する時点で、同じ画像形式で書き出すものだけを選択するようにしましょう。

4 選択した画像形式に応じて設定が完了したら、ファイルを保存する場所を選択したあと❶、[書き出し]ボタンをクリックします❷。JPGかPNG形式で[Web]を選択した場合には、等倍サイズの画像と「@2x」という接尾辞がついた2倍サイズの画像がセットで書き出されます❸。

iOS／Android機器向けに画像を書き出す

Lesson 13 ▶ 13-01-02.xd

iOSやAndroid機器向けにデザインしたレイアウトの画像書き出し方法です。サンプルファイルの「13-01-02.xd」を開いて操作してください。

1 複数オブジェクトから構成されるグラフィックはグループ化しておきます。[レイヤー]パネルを開いて、書き出したいグループ名やレイヤー名をダブルクリックし、適切な画像ファイル名になるように名前を変更しておきます。

2 [選択範囲]ツールで書き出したいグループやレイヤーを⌘（Ctrl）キーを押しながらクリックして複数選択します。[ファイル]メニューの[書き出し]→[選択済み]を選択するか、⌘＋E（Ctrl＋E）キーを押します。

3 書き出し（［アセットを書き出し］）ダイアログボックスで、［フォーマット］（Windowsでは［形式］）は［PNG］を選択します❶。［書き出し先］（Windowsの場合は［書き出し設定］）で対象とするデバイスに応じて［iOS］か［Android］のどちらか選択します❷。

PNG形式にだけモバイル向けの書き出しがある CHECK!

［書き出し先］（Windowsの場合は［書き出し設定］）の選択肢に［iOS］と［Android］が表示されるのは、［フォーマット］（Windowsでは［形式］）が［PNG］のときだけです。

4 ［設定サイズ］を選びます。サンプルファイルは等倍でレイアウトしているので、iOSの場合は［1x］を選択します（230ページを参照）。Androidの場合は［100% - mdpi］を選択します。レイアウトを等倍以外の倍率で作成した場合には、作成した倍率を選択します。

5 画像を書き出す［場所］（［書き出し先］）を指定して❶、［書き出し］ボタンをクリックします❷。指定したフォルダーに書き出された画像ファイルを確認しましょう❸。iOSでは3種類のサイズ、Androidでは6種類のサイズの画像が、セットで書き出されます。

バッチで一度に画像を書き出す

繰り返し同じパーツを画像として書き出す場合には、あらかじめレイヤーパネル内でグループやレイヤーにマークをつけておき、マークのあるものだけまとめて書き出し処理をする「バッチ書き出し」という機能があります。

1 バッチ書き出しをしたいグループやレイヤーを選択し❶、［レイヤー］パネル上で［バッチ書き出しマークを追加］ボタンをクリックします❷。グループ（レイヤー）にマウスカーソルを重ねると、名前の右側にボタンが表示されます。

2 必要なグループ（レイヤー）すべてにマークをつけ❶、［ファイル］メニューの［書き出し］→［バッチ］を選択します❷。

3 画像を書き出す［場所］（［書き出し先］）を指定して❶、画像形式を選択して設定をおこない❷［書き出し］ボタンをクリックします❸。指定したフォルダーに書き出された画像ファイルを確認しましょう❹。マークのついたグループ（レイヤー）がきちんと書き出されているか、確認してみましょう。

13-2 デザインスペックでコーディング情報を共有する

XDでレイアウト／プロトタイプを完成させたら、HTML＋CSSコーディング用に「デザインスペック」を公開して、コーディング担当者に共有しましょう。この機能を使えば、デザイン仕様を別に送る必要がありません。

デザインスペックとは

PhotoshopとIllustratorにはない、XDでもっとも特徴的で便利な機能といえるのが、「デザインスペック」です。レイアウトが完了したXDのデータをオンラインで共有し、コーディング担当者がマウスカーソルを重ねて要素間の距離を測ったり、開発に利用できるデータ（HTMLに利用できるテキスト、CSSに利用できるカラーやフォント指定、画面遷移の指定など）をブラウザで閲覧したり、コピー＆ペーストで利用することが可能になります。

PhotoshopはCreative Cloudエクストラクトで

Photoshopのデザインカンプからcssやテキストデータを取り出すには、Creative Cloudエクストラクト機能があります（14-2参照）。または、Dreamweaverの［Extract］パネルを使って取り出すこともできます（14-1参照）。PSDのデータサイズによっては、挙動が重くなる場合があります。

Illustratorは［CSSプロパティ］パネル利用＋手動でデータ収集

Illustratorには、要素間の距離を測る特別な機能は用意されていませんが、要素によっては［CSSプロパティ］パネルを利用してCSSを取得してコーディングに利用したり、AIファイルからテキストをテキスト形式（.txt）で書き出すことが可能です（14-3参照）。

XDのデザインスペックはブラウザだけで共有可能

XDのドキュメントから生成されるデザインスペックは、URLを共有してブラウザで閲覧可能です。要素にマウスカーソルを重ねるとピンク色のチップで要素間の距離が表示されたり、テキストを選択して1クリックでテキストデータを取得したりできます。CCメンバーシップを持っていないコーダーにも、余計な負担をかけることなくデータを共有することができます。

Lesson 13　XDからの画像書き出しとコーダーとのデータ共有

デザインスペックを共有する

　Lesson13 ▶ 13-02-01.xd

XDのドキュメントからデザインスペックを公開して、ほかのユーザーと共有してみましょう。
サンプルファイルの「13-02-01.xd」をXDで開いて操作してください。

デザインスペックを公開する

1 XDのウィンドウ右上にある[共有]アイコンをクリックし❶、メニューから[デザインスペックを公開]をクリックします❷。

2 [公開デザインスペック]画面で、[タイトル]欄にブラウザ閲覧時に表示されるページのタイトルを入力し❶、[パスワードを設定]のチェックボックスをオンにして、任意のパスワードを設定します❷。[公開リンクを作成]ボタンをクリックしましょう❸。

CHECK! [書き出し先]とは

[書き出し先]のドロップダウンメニューでは、このデザインがWeb用なのか、iOS用なのか、Android用なのかを、選択することができます。ブラウザ上で計測できる長さの単位が、[Web]の場合は[px]に、[iOS]の場合は[pt]に、[Android]の場合は[dp]になります。

パスワードを確認する

パスワード右側の目玉のアイコンをクリックすると、入力時のみパスワードを表示させることができます。あとから再確認することはできませんので、パスワードはメモしておきましょう。

3 アップロードに少し時間がかかります。完了したら、右上に表示される[ブラウザーで開く]アイコンをクリックしましょう。

4 ブラウザが起動しパスワード入力画面が表示されますので、先ほど指定したパスワードを入力して❶、[表示]ボタンをクリック❷しましょう。

5 作成したアートボードの一覧画面が表示されます。これでデザインスペックの公開は完了です。

234

デザインスペックを他人と共有する

1 ウィンドウ右上の［共有］アイコン→［デザインスペックを公開］をクリックすると、［公開デザインスペック］画面が開きます。［リンクをコピー］をクリックするとURLがクリップボードにコピーされます。

2 メールやチャットのメッセージにURLを貼りつけて送信します。パスワードも忘れずに伝えておきましょう。受け取った人が、リンクをクリックするとブラウザが起動し、パスワード入力画面が表示されます。パスワードを入力するとデザインスペックが表示されます。

ブラウザ上でデザインスペックからデータを取り出す

公開したデザインスペックをブラウザで閲覧し、コーディングに必要なデータを取り出してみましょう。
引き続き、サンプルファイルの「13-02-01.xd」をXDで開いて操作してください。

アートボード一覧を見る

デザインスペックを開くと最初にアートボードの一覧画面が表示されます。XDのプロトタイプモードのように、ホーム画面のアートボードには青いタブがついています❶。アートボードにマウスカーソルを重ねると、遷移先を示す青い線が表示されますので❷、ブラウザ上でサイト内のページのリンク関係を確認することができます。アートボードをクリックすると個別のデザイン情報を見ることができます。試しに左側の［top-page］アートボードをクリックしてみましょう。

アートボードで使われているカラーとフォント情報の一覧を見る

1 個別のアートボード画面となり、右側にデザイン情報詳細が表示されます。このページで利用されている［カラー］と［文字スタイル］の一覧が表示され、マウスカーソルを重ねると❶、そのカラーやフォントが使われている要素がアートボード上で青くハイライトされます❷。

2 ［カラー］パネル上のカラー情報（Hex値）と、［文字スタイル］パネル上のフォント名は、クリックするとクリップボードにコピーされます。エディタ上で編集しているHTMLやCSSにペーストして、簡単に利用することができます。

要素の大きさと要素間の距離を計測する

1 アートボード上の写真やテキストエリアなどをクリックすると、その要素の幅と高さがピンク色のチップで表示されます。

2 要素をクリックして選んでから、隣の要素の上にマウスカーソルを動かすと、2つの要素間の距離がピンク色のチップで表示されます。アートボードの端にあるオブジェクトは、アートボード端との距離を測ることができます。

個別要素のカラーとフォント名をコピーする

1 写真以外のオブジェクトまたはテキストをクリックすると❶、[アピアランス] パネルにその要素のカラー情報が表示されます。そのカラーの四角形をクリックすると❷、「カラーがコピーされました」と表示され❸、カラー情報がクリップボードにコピーされます。

2 テキストをクリックして選択すると❶、[スタイル] パネルにフォント情報が表示されます。フォント名をクリックするとクリップボードにコピーされ❷、「フォントがコピーされました」と表示されます❸。サイズなどほかの情報も、自分でコピー&ペーストしてコーディングに利用できます。

長さの単位とカラーモデルを変更する

1 オブジェクトを選択すると、パネルの右上に [px / pt / dp] のいずれかが表示された [単位を変更] ドロップダウンメニューが表示され、単位表示を選択できます。

2 [カラー] パネルと [アピアランス] パネルでは、右上にある [カラー形式を変更] ドロップダウンメニューから色表現の変更が可能です。初期設定は [Hex] で、[RGBA] と [HSLA] に切り替えることができます。

テキスト情報をコピーする

タイトルや説明文などのテキストもコーディング用に取得できます。任意のテキストをクリックして選択します❶。右側に[コンテンツ]パネルが表示されますので、テキストボックスをクリックすると❷「コンテンツがコピーされました」と表示され❸、クリップボードにテキストがコピーされます。

デザインスペックで扱いやすいデータのつくり方

デザインスペックは便利ですが、元になるXDドキュメントのデータのつくり方によっては、ブラウザ上で情報を取得しにくくなってしまう場合があります。
XDで要素をデザインするときには、以下の点に注意して制作しましょう。

マークアップで別の要素になるものは分けてつくる

たとえば、リストの<li>要素を同じテキストの改行でつくっていると、<li>と<li>の間の距離を測れなくなってしまいます。<li>要素を独立したテキストエリアで作成しておくと、デザインスペックでクリックして選択すると、きちんと下の要素との距離が計測できることがわかります。

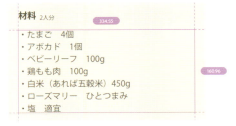
リストを1段落で作成すると、ひとかたまりの要素として計測されてしまいます。

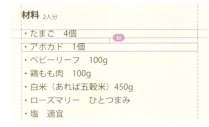
個々の<li>にあたる部分を独立したテキストエリアで作成すると、デザインスペックで要素間の距離を取得できます。

ピクセルに合わせる、カラーを統一する

要素の位置や大きさに小数点がついているもの、同じグレーのはずなのに要素によって色が微妙に異なるものなどは、XDに限らずどんなデザインアプリでの作業でも注意するポイントです。整数値に合わせたり色を統一して、コーディング担当者が正確な情報を取得できるようなデザインデータの作成を心がけましょう。

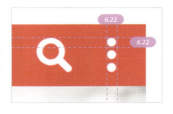

Lesson 13 ― 練習問題

サンプルファイルのヘッダーにあるショップのロゴマークと右上のメニューアイコンを、iOS向けに1倍、2倍、3倍の大きさのPNG画像として書き出してみましょう。

Before → After

❶ウィンドウ左下の[レイヤー]ボタンをクリックして[レイヤー]パネルを表示します。
❷ロゴは「グループ化8」、マークは「グループ化13」なので Shift キーを押しながら両方とも[選択範囲](選択)ツールで選択し、[オブジェクト]メニューの[グループ化]を選択します。
❸「グループ化20」となった名前の部分をダブルクリックし、「logo」と書き換えましょう。
❹同様に右上の3つの円「楕円形1～3」アイコンをグループ化して、名前を「icon-menu」に変更します。
❺[選択範囲](選択)ツールで「logo」「icon-menu」の2つのグループを選択し、[ファイル]メニューの[書き出し]→[選択済み]を選択します。
❻[フォーマット](Windowsでは[形式])は[PNG]、[書き出し先](Windowsでは[書き出し設定])は[iOS]、[設定サイズ]は[1x]を選択します。
❼[場所](Windowsでは[書き出し先])で保存先のフォルダーを選択し、[書き出し]ボタンをクリックします。
❽保存先にしたフォルダーを確認しましょう。「logo」「icon-menu」が、それぞれ接尾辞なし・接尾辞「@2x」・接尾辞「@3x」の3種類（合計6ファイル）のPNGとして書き出されていればOKです。

PSD・AIファイルから CSS やテキストを 抜き出そう

An easy-to-understand guide to web design

Lesson 14

PSDやAIファイルから、オブジェクトに設定したサイズ・カラー・文字修飾などのプロパティをCSSコードとして抜き出したり、文字情報をテキストデータとして抜き出したりできます。カンプから直接コードに変換するので、間違いを防いでWebページのコーディングをスムーズにします。

Lesson 14　PSD・AIファイルからCSSやテキストを抜き出そう

14-1 DreamweaverでPSDからCSSやテキストを抜き出す

Adobe Dreamweaver CCを利用すると、
[Extract]パネルからPSDファイルのテキストやCSSコードを抜き出せます。
Photoshopカンプを元にDreamweaverでコーディングするときに便利です。

[Extract]パネルでCSSを抜き出す

Lesson 14 ▶ 14-1

Creative CloudファイルでPSDを共有する

1　「PsCompL14.psd」をPhotoshopで開いてカンプデザインを確認してください。これをDreamweaverの[Extract]パネルで開くために、CCストレージへ保存します。[ファイル]メニューの[別名で保存]をクリックし、PCの「Creative Cloud Files」フォルダー❶内に「AIPSWebデザイン」フォルダー❷をつくり、そこに複製を保存します。

CHECK!　「Creative Cloud Files」フォルダー

Adobe Creative Cloudのストレージサービスのフォルダーです。Creative Cloudデスクトップアプリケーションの[アセット]→[ファイル]で[フォルダーを開く]ボタンをクリックすると同期されたPC上のフォルダーの場所を開くことができます。

2　Dreamweaverを起動して、[サイト]メニューの[新規サイト]をクリックします。[サイト設定]ダイアログボックスの[サイト名]に「AIPSWebデザイン」と入力し、[ローカルサイトフォルダー]に今回の教材としてあらかじめ準備した「PsCompL14」フォルダーを指定して[保存]します。

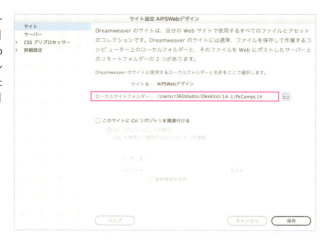

CHECK!　Dreamweaverのサイト設定

Dreamweaverは、制作するサイトごとに[サイト設定]をおこないます。ファイル管理に必要な保存先のフォルダーの場所を[ローカルサイトフォルダー]に登録します。

14-1　DreamweaverでPSDからCSSやテキストを抜き出す

3 ［ファイル］パネルから「PsCompL14.html」❶をダブルクリックで開きます。［ウィンドウ］メニューの［Extract］をクリックして［Extract］パネルを開きます❷。パネルにチュートリアルファイルが表示されていれば［PSDをアップロード］ボタンをクリックして閉じます。「AIPSWebデザイン」フォルダー内の「PsCompL14.psd」をクリックで開きます❸。

4 ［Extract］パネルで［レイヤー］ボタン❶をクリックし、レイヤータブを開きます。レイヤーのフォルダーアイコン❷をクリックするとレイヤーグループが開きます。左側のPSDデータの細部を確認しやすいようにパネルを縦・横に広げて❸、パネル上部にあるズームレベル❹でデータの横幅が収まるように表示を拡大しましょう。

DreamweaverでCSSをコピー＆ペーストする

1 2番目の枠❶の左上と右下の角丸サイズをCSSコードで抜き出します。レイヤータブで「Jumbotron」グループ内の「jumbotronshape」レイヤーを選択します❷。ポップアップしたCSSプロパティのリスト❸から「border-bottom-right-radius: 100px;」と「border-top-left-radius: 100px;」にチェックして❹［CSSをコピー］をクリックします❺。

2 「PsCompL14.html」を［分割］ビューに切り替えて❶、［関連ファイル］から「mystyle.css」❷をクリックしてコードを表示します。コードビューの15行目「.jumbotron{……}」セレクタ内の続きに［⌘］＋［Ⅴ］（［Ctrl］＋［Ⅴ］）キーでCSSコードをペーストします❸。枠の左上と右下にPhotoshopカンプと同じく角丸のスタイルが適用されました❹。

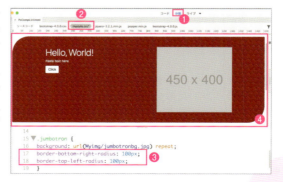

Dreamweaverの分割ビュー　CHECK!

分割ビューは、ブラウザ表示をシミュレーションするライブビューと、ソースコード編集をするコードビューで画面を2分割します。ここでは上にライブビュー、下にコードビューを配置して操作しています。

Lesson 14 PSD・AIファイルからCSSやテキストを抜き出そう

3 ［Extract］パネルに戻り、テキスト「Hello,World！」をクリックし❶、ポップアップしたCSSプロパティのリスト❷から「font-family: Impact;」「color:#f0ff00;」「font-size: 60px;」にチェックして❸、［CSSをコピー］をクリックします❹。

4 コードビューの「mystyle.css」コードの21行目「.jumbotron-header {……}」セレクタ内の「color: #FCFCFC;」を削除してから、そこに⌘＋Ⅴ（Ctrl＋Ⅴ）キーでCSSコードをペーストします❶。「Hello, World！」の文字にスタイルが適用されました❷。

文字間隔の調整　CHECK!

［Extract］パネルは、文字間隔（letter-spacingプロパティ）を認識しません。「.jumbotron-header{……}」内に「letter-spacing:0.3rem;」を追記すると、Photoshopカンプと同じような文字間隔を指定できます。

5 「Click」ボタンのCSSを抜き出します。ここは、背景の四角形と前面の文字とで2カ所のCSSコードが必要です。［Extract］パネルのレイヤータブで「Jumbotron」グループ内の「btn-light」レイヤー❶をクリックし、背景の四角形を選びます❷。CSSプロパティのリストから「width: 127px;」「border-radius: 8px;」「background-color: #41cc14;」にチェックして❸、［CSSをコピー］をクリックします❹。

6 「mystyle.css」コードの34行目「.btn-light{……}」セレクタ内の「background-color: #FFFFFF;」を削除してから、そこに⌘＋Ⅴ（Ctrl＋Ⅴ）キーでCSSコードをペーストします❶。

14-1 DreamweaverでPSDからCSSやテキストを抜き出す

7 [Extract]パネルのレイヤータブで「Jumbotron」グループ内の「Click」レイヤー❶をクリックし、前面の文字❷を選びます。CSSプロパティのリストから「font-family: Verdana;」「color: #ffffff;」「font-size: 25px;」「font-weight: 700;」にチェックして❸、[CSSをコピー]をクリックします❹。

8 「mystyle.css」コードの34行目「.btn-light{……}」セレクタ内の続きに⌘＋Ⅴ（Ctrl＋Ⅴ）キーでCSSコードをペーストします❶。

[Extract]パネルでテキストを抜き出す

1 [Extract]パネルのテキスト「This is a simple hero……」❶をクリックし、ポップアップから[テキストをコピー]❷をクリックします。

2 ライブビューの「PsCompL14.html」のテキスト「Paste text here」❶をダブルクリックしてテキストの編集モード（オレンジの枠線表示）に切り替え、⌘＋Ⅴ（Ctrl＋Ⅴ）キーでテキストをペーストして差し替えます。編集モード枠の外❷をクリックし確定します。

COLUMN
今回のHTMLページのコーディング

「PsCompL14.html」は、CSSフレームワーク Bootstrap4をベースに作成しました。Photoshopカンプのデザインに合わせるためのCSSコードを「mystyle.css」に記述していて、[Extract]パネルより抜き出したCSSコードも「mystyle.css」に追記しました。

Lesson 14　PSD・AIファイルからCSSやテキストを抜き出そう

14-2 Creative CloudエクストラクトでPSDからCSSやテキストを抜き出す

「Creative Cloudエクストラクト」機能を使うと、Creative CloudにアップロードしたPSDファイルをブラウザで表示して、テキストやCSSコードを抜き出すことができます。Adobe IDさえあれば誰でも利用できます。

Creative CloudエクストラクトでCSSを抜き出す

Creative Cloud上のPSDファイルをブラウザで開く

Lesson 14 ▶ 14-2

1 「Creative Cloud Files」フォルダー内の「AIPSWebデザイン」フォルダーに14-1の「PsCompL14.psd」を保存しておきます。Creative Cloudデスクトップアプリケーションを起動し、メニューの［アセット］❶→［ファイル］❷とクリックし、［Webで表示］ボタン❸をクリックします。

2 ブラウザが起動してユーザーのCreative Cloudに接続されるので、Adobe IDでログインします。CCストレージにある［ファイル］❶が表示されます。14-1で使った「AIPSWebデザイン」フォルダー内の「PSCompL14」をクリックで開きます❷。

3 「PsCompL14.psd」がプレビューされたら、［レイヤー］❶をクリックしてタブを開き、［Extractに移動］ボタンをクリックします❷。

Creative Cloud上のPSDファイルをブラウザで開く

1 Creative Cloudエクストラクトビューが別タブで表示されます。左下の「Click」ボタンの背景の四角形を選び❶、ポップアップした［情報パネル］の［CSSをコピー］❷をクリックします。

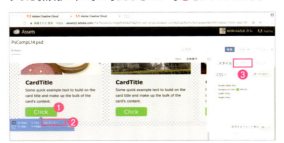

CHECK!

［レイヤー］パネルで選ぶ

四角形がクリックで選びにくい場合は、［レイヤー］❸タブをクリックして、「artboard」→「contents」→「card-1」→「btn-dark」レイヤーを選びます。

14-2　Creative CloudエクストラクトでPSDからCSSやテキストを抜き出す

> **データの拡大／縮小表示** CHECK!
>
> option + + (Alt + +) キーで拡大表示、option + - (Alt + -) キーで縮小表示ができます。操作しやすいように拡大率を変更しましょう。

2　テキストエディタやDreamweaverで「mystyle.css」を開き、コードの45行目「.btn-dark{……}」セレクタ内の「background-color: #000000;」を削除してから、そこに⌘+V (Ctrl+V) キーでCSSコードをペーストします❶。

3　Creative Cloudエクストラクトビューに戻り、「Click」ボタンの前面テキストを選択して❶、[情報パネル] の [CSSをコピー] をクリックします❷。

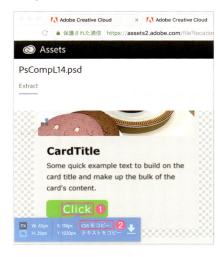

4　編集中の「mystyle.css」の画面に切り替え、「.btn-dark{……}」セレクタ内のプロパティの続きに⌘+V (Ctrl+V) キーでCSSコードをペーストします。貼りつけたCSSから、今回は必要のないプロパティ「height: 44px;」❶「font-weight: 400;」❷「line-height: 34px;」❸「transform: scaleY(1.0026); /*……*/」❹の行を削除します。

> **コピーするCSSプロパティは選べない** CHECK!
>
> Creative Cloudエクストラクトの[CSSをコピー]ではコピーするプロパティを選ぶことができません。一度すべてを貼りつけてから不要なプロパティを削除します。

5　Creative Cloudエクストラクトビューに戻ります。ヘッダーの背景にある長方形を選び❶、[スタイル] ❷タブを表示すると、[カラー] でその塗りの赤色❸がハイライトで表示されます。その色をクリックするとカラーコードがポップアップしますので、色表現を [Hex] に変更してから❹、⌘+C (Ctrl+C) キーでカラーコード「#8c0813」をコピーします。

245

6 編集中の「mystyle.css」コードの11行目「.navbar-bg{……}」セレクタ内の「background-color: #590112;」の値「#590112」を削除し、そこにコピーしたカラーコード「#8c0813」をペーストします。「mystyle.css」を上書き保存します。

7 ブラウザで「PsCompL14.html」を開いてみましょう。左下の「Click」ボタン❶とヘッダーの背景のスタイル❷が「PsCompL14.psd」と同じく変更されました。

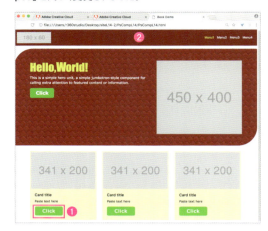

Creative Cloudエクストラクトでテキストを抜き出す

1 Creative Cloudエクストラクトから、「Some quick example……」のテキストをクリックし❶、ポップアップした[情報パネル]の[テキストをコピー]をクリックします❷。

2 テキストエディタやDreamweaverで「PsCompL14.html」を開き、54行目の<P>要素内の「Paste text here」❶を削除して、⌘+Ⅴ（Ctrl+Ⅴ）キーでコピーしたテキストを貼りつけて差し替えます。「PsCompL14.html」を上書き保存します。

3 ブラウザで「PsCompL14.html」を開いて確認すると、ペーストしたテキストが反映されています❶。

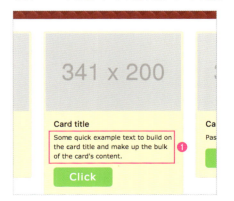

COLUMN

「Creative Cloud Files」フォルダーでの共有設定

今回はアップロードしたPSDファイルを自分だけで使いましたが、PSDファイルを入れたフォルダーを共有すれば招待者も使えます。チームで1つのデータを共有すれば、メンバーがいつも最新のPSDファイルにアクセスでき、新旧ファイルの混在によるトラブルを防げます。フォルダーの共有は、ブラウザで自分のCreative Cloudの[ファイル]にアクセスし、フォルダー名にマウスカーソルを重ねると右に表示される[…]メニューから[共有]→[フォルダーに招待]の順に選択します。6-5「CCライブラリを共有する」と同じように設定できます。

Creative Cloudエクストラクトからの画像の書き出し

Creative Cloudエクストラクトから画像を書き出すことができます。
Photoshopを使わなくてもPSDファイルから画像の書き出しができるので覚えておくと便利です。

1 Creative Cloudエクストラクトで「Jumbotron」グループ内の「jumbotronimg」レイヤー❶を選択し、表示された下向き矢印のアイコン❷をクリックします。レイヤーに表示される矢印、オブジェクトからポップアップした画面内の矢印のどちらを使っても同じ操作ができます。

2 下向き矢印からポップアップした画面のファイル名❶を必要に応じて変更します。ファイル形式から今回は[PNG32]❷をクリックします。[保存]をクリックすると『アセットを抽出しています。「アセット」タブで確認してください。』と表示されます。メッセージが消えるとダウンロードの準備ができています。

PNG32形式　CHECK!

PNG32形式で256色階調のアルファチャンネル（透過）が有効な画像形式です。ここでは、フルカラーと背景が透明で抜ける形式として選びました。

複数の画像をアセットとして登録する

1～**2**を繰り返すと[アセット]タブに複数の画像が登録できます。CCストレージのPSDファイルをアップロードした同じ場所に「(PSDファイル名)-assets」フォルダがつくられて、画像はそこにも書き出されます。一度登録した書き出し設定は保存され、次回も利用できます。

3 [アセット]タブをクリックすると❶、「jumbotronimg.png」が登録されています。サムネールをクリックすると❷、ブラウザ指定の場所にダウンロードされます。

4 ダウンロードした画像を今回の「PsComp14」フォルダー内の「Myimg」フォルダへ移動し、「PsCompL14.html」の36行目のimg要素を「src="Myimg/jumbotron-img.png"」と書き換え、「PsCompL14.html」をブラウザで開いて確認してみましょう。

COLUMN

Dreamweaverの[Extract]パネルからの画像書き出し

Dreamweaverの[Extract]パネルからも、選択したオブジェクトのポップアップ画面❶を用いて同じような操作で書き出しがおこなえます。Creative Cloudエクストラクトの書き出しにない機能として、書き出し先の[フォルダー]を指定することができ❷、[複数保存]❸では環境設定の[Extract]で1x、2x、3xなど倍率ごとに指定したフォルダへ一度に書き出せます。

14-3 AIからCSSやテキストを抜き出す

AIファイルからテキストをコピーしたり、[CSSプロパティ] パネルを利用して
CSSコードを抜き出すことができます。
Illustratorのカンプからコーディングに移す場合に覚えておくと便利です。

[CSSプロパティ] パネルからCSSを抜き出す Lesson 14 ▶ 14-3

Illustratorの [CSSプロパティ] パネルから、オブジェクトの属性をCSSコードに変換してコピーできます。
ここでは、テキストとシェイプのオブジェクトをスタイルへ登録したあと、スタイルをCSSコードに変換します。
スタイルを使うことで、同じオブジェクトごとにCSSコードを共有管理できます。

文字スタイルの登録と適用

1 「AiCompL14.ai」をIllustratorで開き、[ウィンドウ] メニューから [CSSプロパティ] パネル❶と [書式] → [文字スタイル] パネル❷を開きます。

2 一番左下にある「Click」ボタンのテキストオブジェクトを選択します❶([レイヤー] パネルで「contents」→「card-1」→「Click」レイヤー)。

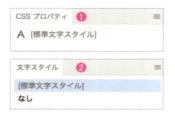

3 [文字スタイル] パネルの [新規スタイルを作成] ボタン❶をクリックし、作成されたスタイル名「文字スタイル1」をダブルクリックして「btn-txt」❷に変更します。右にある2つの「Click」ボタンのテキストオブジェクトを Shift キーを押しながら選択し❸、[文字スタイル] パネルの「btn-txt」❷をクリックしてスタイルを適用します。

グラフィックスタイルの登録と適用

1 一番左下にある「Click」ボタンの四角形を選択します❶([レイヤー] パネルで「contents」→「card-1」→「ボタン枠」レイヤー)。[ウィンドウ] メニューから [グラフィックスタイル] パネルを表示して❷、[新規グラフィックスタイルを作成] ボタン❸をクリックし、作成されたスタイルアイコン❹をダブルクリックします。

14-3 AIからCSSやテキストを抜き出す

2 ［グラフィックスタイルオプション］ダイアログボックスでスタイル名を「btn-cushion」に変更し❶、［OK］します。

3 右にある2つの「Click」ボタンの四角形を Shift キーを押しながら選択し❶、［グラフィックスタイル］パネルのいま作成した「btn-cushion」❷をクリックしてスタイルを適用します。

CHECK!
文字スタイルとグラフィックスタイル

スタイルの共有管理をするために、テキストオブジェクトから文字スタイルを登録して、同じ設定のテキストに適用しておきます（10-4参照）。同様にシェイプオブジェクトからグラフィックスタイルを登録して、同じ設定のシェイプに適用しておきます。

［CSSプロパティ］パネルからCSSを書き出す

1 ［CSSプロパティ］パネル❶を確認するとスタイルに登録した「btn-txt」と「btn-cushion」のプロパティがつくられています。

2 ［CSSプロパティ］パネルの「btn-txt」と「btn-cushion」❶を⌘（Ctrl）キーを押しながらクリックすると、パネル下に生成されたCSSコード❷が表示されます。［CSS書き出しオプション］ボタン❸をクリックし、［CSS書き出しオプション］ダイアログボックスの［ベンダープレフィックスを含める］の［Internet Explorer］と［Opera］のチェックを外して❹［OK］をクリックします。

CHECK!
CSS書き出しオプション

CSS書き出しオプションでは、単位やアピアランスなど生成するCSSコードの項目が選べます。［ベンダープレフィックスを含める］でブラウザを選ぶと、そのブラウザに合ったCSSコードが記述されます。今回は「btn-cushion」のCSSコードにグラデーション（linear-gradient）が記述されているためコードが長くなります。必要のないブラウザを外すと余分なコードが生成されません。

3 「btn-cushion」のCSSコードが減りました❶。「btn-txt」と「btn-cushion」を選んだままで❷［選択スタイルをコピー］ボタン❸をクリックします。

Lesson 14　PSD・AIファイルからCSSやテキストを抜き出そう

4　「Ai-buttonL14.html」をテキストエディタやDreamweaverで開きます。18行目コメント「/* IllustratorからCSSコードを以下にペースト */」のあとにコピーしたCSSコードを貼りつけて❶、ファイルを上書き保存します。「Ai-buttonL14.html」をブラウザで表示するとスタイルが適用されていることが確認できます❷。

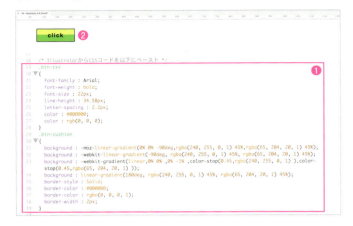

CHECK!
Dreamweaverを使った確認

ここではDreamweaverで「Ai-button.html」を編集しながら確認しています。[分割]ビューで画面を上下に分割して、下のコードビューでコードを編集しながら、上のライブビューでブラウザでの表示をシミュレーションして同時に確認することができます（14-1参照）。

スタイルを編集してCSSを更新する

1　Illustratorに戻ってボタンのスタイルを変更してみましょう。[文字スタイル]パネルの「btn-txt」❶を選択し、パネルメニュー❷から[文字スタイルオプション]を選択します。

2　[文字スタイルオプション]ダイアログボックスで[基本文字形式]を選択し❶、[フォントファミリ]を[Arial Bold]に変更して❷[OK]をクリックします。

3　[ウィンドウ]メニューから[アピアランス]パネルを表示します❶。一番左下にある「Click」ボタンの四角形を選び、[アピアランス]パネルの[線]を[カラー：赤]、[線幅：3px]にします❷。パネルメニュー❸から[グラフィックスタイルを更新"btn-cushion"]を実行します❹。

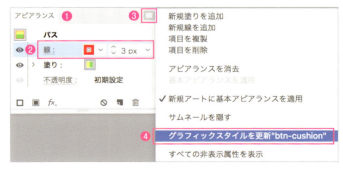

14-3　AIからCSSやテキストを抜き出す

4　ここまでの操作で3つのボタンが図のように変わります。CSSを書き出すオブジェクトは、[文字スタイル]や[グラフィックスタイル]に登録しておけば、デザイン変更で共通管理ができて便利です。

5　CSSの書き出しをし直します。何も選択していない状態で[CSSプロパティ]パネルの「btn-txt」と「btn-cushion」を選び、[選択スタイルをコピー]ボタンをクリックします。「Ai-buttonL14.html」を開き、前回貼りつけたCSSを上書きしてコピーしたCSSコードを貼りつけると❶、変更した部分のスタイルが反映されます❷。

テキストを抜き出す

テキストエリアからテキストを抜き出す方法は2つあります。「AiCompL14.ai」をIllustratorで開いて操作を確認しましょう。

コピー&ペーストで抜き出す

テキストエリアを選択し⌘+C（Ctrl+C）キーを押してコピーする方法です。テキストエディタにペーストすると、書式や改行のないテキストが貼りつけられます。複数のテキストエリアを選択すると、まとめてコピーできます。図のテキストエリアをコピー&ペーストした結果が「textcopyL14.txt」です。

> **CHECK!　Microsoft Wordへのコピー&ペースト**
>
> IllustratorでコピーしたテキストをwordにそのままペーストするとAdobe SVG形式で貼りつけられます。テキストとしてペーストする場合は[形式を選択して貼り付け]を用います。

テキスト形式での書き出し

[ファイル]メニューの[書き出し]→[書き出し形式]を選び、[ファイルの種類]を[テキスト形式(*.txt)]で書き出す方法です。すべてのアートボードがテキストエリアごとに改行された状態で書き出されます。「AiCompL14.ai」を書き出した結果が「AiCompL14.txt」です。

> **CHECK!　書き出されるテキストのエンコードと改行コード**
>
> 書き出すときの[テキスト書き出しオプション]ダイアログで、エンコーディングを[デフォルトのプラットフォーム]にするとUTF-8、[Unicode]を選ぶとUTF-16で書き出されます。[プラットフォーム]を[Macintosh]にすると改行コードが「CR」になり、[Windows]を選べば「CR＋LF」で書き出されます。

lesson14 — 練習問題

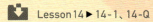

Q デザインカンプ「PsCompL14.psd」内の「CardTitle」のテキストデザインを、フォントはImpact、カラーは#218517、サイズは33pxに変更します。Creative Cloudエクストラクトを使って変更した文字スタイルのCSSコードを取得し、「mystyle.css」の「.card-title{……}」セレクタにペーストして、ブラウザで「PsCompL14.html」を表示して文字スタイルが反映されたか確認してみましょう。

Before

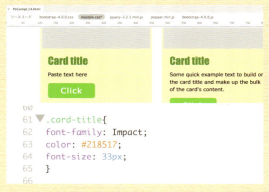
After

❶ Photoshopで「PsCompL14.psd」を開きます。「Card-1」グループ内の「CardTitle」テキストレイヤーを選択して、[文字]パネルで[フォント:Impact]、[フォントサイズ:33px]、[カラー:#218517]に変更します。

❷ 編集した「PsCompL14.psd」を「Creative Cloud Files」フォルダーへ保存します。インターネットに接続されていれば、同期されてCCストレージにアップロードされます。

❸ Creative Cloudデスクトップアプリを起動し、上部メニューの[アセット]→[ファイル]を選んで[Webで表示]ボタンをクリックします。

❹ ブラウザが起動してCCストレージの[ファイル]の内容が表示されます。「PsCompL14」をクリックして開きます。プレビューされたら右側の[レイヤー]タブで[Extractに移動]ボタンをクリックします。

❺ Creative Cloudエクストラクトビューが別タブで表示されます。文字スタイルを変更したテキスト「CardTitle」をクリックし、ポップアップした[情報パネル]の[CSSをコピー]をクリックします。

❻ 「mystyle.css」をテキストエディタで開きます。コードの61行目「.card-title{……}」セレクタ内の「color: #000000;」を削除して、コピーしたCSSコードをペーストします。「font-family: Impact;」「color: #218517;」「font-size: 33px;」を残し、「font-weight: 400;」「line-height: 34px;」「text-align: center;」は、ここでは不要なので削除します。

❼ 「mystyle.css」を保存し、「PsCompL14.html」をブラウザで表示して該当箇所を確認します。テキストのフォント、カラー、サイズを自分の好きなようにアレンジしてみてください。

ほかのアプリとの
連係について知ろう

An easy-to-understand guide to web design

Lesson **15**

普段はAdobe製品でデザインしていても、ほかのデザイナーからSketchのファイルを提供されたり、Zeplinでエンジニアにコーディング用データを渡す必要があったり、チームで仕事に携わると、ほかのアプリケーションとの連携がどうしても必要になります。Webデザインの現場でよく使われているAdobe以外のアプリケーションとの連携について解説します。

Lesson 15　ほかのアプリとの連係について知ろう

Web制作でよく利用される
ツールやサービス

デザインという仕事の範囲の広がりとともに、Photoshop・Illustrator・XDといったAdobe製品だけではなく、さまざまなデザインツールが登場しています。現在使われる機会が広がっているツールについて紹介します。

Webデザインツールの広がり

かつてWebデザインは「PC画面で閲覧するWebページのデザイン」のことを指していました。しかし、スマートフォンやタブレットの登場により、レスポンシブデザインやネイティブアプリといったように、サイズもデバイスもさまざまな環境に順応できるコンテンツ・UIデザインに対応する仕事が増えてきています。

Webデザイナーは「PC画面で目を引くグラフィックを含んだデザイン」をつくればよかった時代は過ぎ、Webサイトやネイティブアプリを含め、大きなプロダクト全体を通したデザインの決まりごとをつくる「デザインシステム」という手法／考え方が一般的になりつつあります。そこでは、デザイナーだけでなくプロデューサー・ディレクター・エンジニアといった複数の職能の人々がかかわり、クライアントにとって理想的なデザインシステムを生み出すためのチーム作業が不可欠になります。そういった背景から、さまざまな職能の人たちがスムーズに連携し、協業して迅速に開発を進められるデザインツールが新しく登場してきています。

また、これまではワイヤーフレームやデザインカンプなどページごとの静止画としてつくられることの多かったデザインに、画面遷移や動きという要素が加わってきています。そんな流れを汲み、グラフィックの作成だけではなく、プロトタイプやモーションを検討できるデザインツールが求められているという面もあります。そういった潮流の中で注目されているツールをいくつか紹介します。

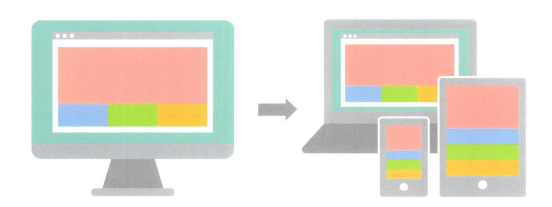

Sketch（スケッチ）　https://www.sketchapp.com/

2013年にAdobe Fireworksの開発終了が発表された際、「軽量でWebに特化したデザインツール」を支持していたユーザー層の移行先として注目を浴びたのが、オランダのBohemian B.V.社が開発しているSketchです。UIデザインの現場を中心に広まりました。

SketchとXDは機能や方向性が似たツールです。Adobeは、XDの前身である「プロジェクトコメット」を経て現在のXDをリリースしましたが、XDのコンポーネントやリピートグリッドを利用したデザインのワークフローは、Sketchの影響を大きく受けているといえます。

XDがCCアプリの1つとしてMacとWindowsに対応し、各国語にローカライズされているのに対し、SketchはmacOSのみ対応、日本語版はなしとかなり割り切った開発です。シンプルなツールですが、プラグインや連携アプリケーションが充実しています。

短いスパンでアップデートを続けており、バージョン43から「.sketch」ファイルの中身が「JSON」という形式に変わりました。JSONはテキストエディタで開けば中身を読むことができ、Sketchで開かずに内容を変更したり書き出すことができるため、デザイナーだけでなくエンジニアからも注目のツールといえます。

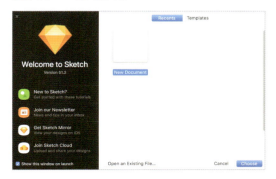

Figma（フィグマ）　https://www.figma.com/

Sketchと同じくUIに特化したデザインツールです。最大の特徴は「ブラウザで動くこと」「同時編集が可能」ということで、デザイナーのみならず、ディレクターやエンジニア、チームでのコラボレーション開発に重きを置いています。

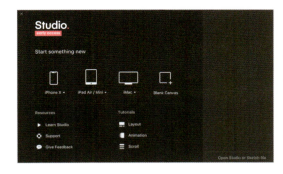

InVision Studio（インビジョン スタジオ）
https://www.invisionapp.com/studio

高機能なプロトタイピングツールを提供するInVisionが独自に開発するデザインツールです。デザインツールのダークホースと目され期待が高まっていますが、2018年8月現在まだ正式リリースには至っていません。

デザインデータをブラウザで共有するサービス

14-2で登場した、ブラウザ上でPhotoshopのデータが確認できるCreative Cloudエクストラクトですが、同じようにデザインデータをブラウザで閲覧できる外部サービスは、ほかにもいくつかあります。ここではその代表として、ZeplinとInVisionを紹介しましょう。SketchやFigmaなどAdobe以外のデザインツールにも対応しており、Windowsでは開くことのできないSketchファイルも、こういったサービスを使って中身を確認することができます。

Zeplin（ゼプリン）　https://zeplin.io/

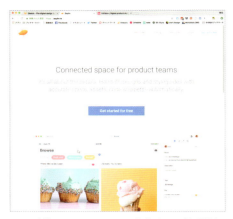

Zeplinは、Photoshop・Sketch・XD・Figmaに対応したサービスです。閲覧とデータ取得はブラウザから可能ですが、Web上にデータをアップロードするには、デスクトップアプリケーションが必要です。アプリをインストールするとPhotoshop・XD・Sketchのメニューに［Zeplin］という項目が追加されます。それを使って、各アプリでデザインしたデータをZeplinにインポートします。

Zeplinではプロジェクトと呼ばれる入れ物を作成し、そこにメンバーを招待して共有します。メンバーになるにはZeplinのユーザー登録が必要で、アカウント名かアカウントと紐づくメールアドレスを利用してプロジェクトに招待できます。次に紹介するInVisionに比べると機能は少なめですが、そのぶんシンプルに使えることと、XDとFigmaに対応していることが強みです。

Zeplinを使ってPhotoshop・XDで作成したカンプを公開する方法については、15-3と15-4でそれぞれ解説します。

できること	● デザインデータのインポート　● コメントのやり取り　● デザインガイド作成　● アセット書き出し

InVision（インビジョン）　https://www.invisionapp.com/

InVisionは、Photoshop・Sketchに対応したサービスです。ワイヤーフレーム作成からプロトタイプ、イメージボード、レビューなど、プロジェクトのワークフローの初期からサポートしており、iPhone、Androidのアプリも用意されているため、チーム内だけでなくクライアントとのデータ共有にもよく利用されます。

InVisionでは、Craft（https://www.invisionapp.com/craft）というプラグインをインストールすると、Photoshop・Sketchから直接データをサービス上にインポートできます。Craftは、ダミー画像を挿入したり、複製作業を補助したり、デザインカンプやプロトタイプ制作に便利なツールです。InVisionを利用しない場合でも、インストールするメリットがあります。

できること	● ワイヤーフレーム制作　● プロトタイピング　● イメージボード　● デザインデータのインポート ● コメントのやり取り　● デザインガイド作成　● アセット書き出し　● バージョン管理

Avocode（アボコード）　https://avocode.com/

Avocodeは、Photoshop・Sketch・XD・Figma、そして2018年8月からβ版ではありますがIllustratorに対応しているサービスです。Zeplinに似て、デザインデータをアップロードして、コメントやサイズの確認、画像の書き出しなどをおこなうことができます。さらに、各アプリで書き出しを設定する必要なくAvocodeの中で書き出しを作成することができ、コードのコピーだけでなくCSSプリプロセッサのための変数を設定できます。バージョン管理の機能でバックアップや過去のバージョンに戻れるなど、機能が充実しています。日本語の表示に少し難ありですが、現時点ではより多くのアプリに対応したサービスといえます。

できること	● デザインデータのインポート　● コメントのやり取り　● アセットの作成・書き出し ● デザインガイド作成　● バージョン管理

15-2 SketchとAdobeアプリのデータの互換性

Sketchは、WebデザインやネイティブアプリのUIデザインにおいて非常に人気のあるアプリケーションです。データはおもにベクトルデータでできており、IllustratorやXDといったAdobe製品とも互換性があります。

SketchファイルをAdobeアプリで開く

チームでのデザイン制作に携わると、ほかのデザイナーがSketchで作成したデザインファイルを引き継いで、使い慣れたAdobeのアプリケーションで制作したいというケースもあるでしょう。そんなときに役立つ方法を紹介します。

SketchはMac版のみ
SketchにはWindows版はありませんので注意してください。

XDはSketchファイルを直接開ける

XDは、2018年3月のアップデートでAdobe製品の中で唯一「.sketch」ファイルをサポートするようになりました。調整された画像やシェイプ、パターンの塗りつぶしなどサポートされない項目もありますが、現時点で「.sketch」ファイルを開くのに一番適したアプリケーションといえます。Sketch向けにたくさんのUIキットやアイコンが「.sketch」ファイルとして配布されていますので、それらをXDで開いて利用することができるのは非常にうれしいことです。

IllustratorへはPDFかSVGに書き出して読み込む

IllustratorもPhotoshopも「.sketch」ファイルをそのまま開くことはできません。SketchからPDFもしくはSVGを書き出し、それを読み込む方法をとりましょう。Illustratorはベクトルツール同士ということもあって、アイコンなどのシェイプはかろうじて原型のまま開くことができますが、テキストの設定の一部や、画像などを完全移行することは難しいようです。ファイルの内容にもよりますが、まずはPDFで試してみることをおすすめします。Photoshopで開くと、PDFもSVGもレイヤーが統合されて編集できず、デザインデータとしては扱いにくいのでおすすめはできません。

AdobeアプリからSketchへ素材を渡す

Sketchはシンプルなツールですので、ロゴ・アイコン作成にはIllustratorを利用して、できあがった素材を取り込んで制作を進めるのもひとつの方法です。すべて完璧には移行できませんが、方法によってはうまく引きつげますので、やり方の注意を紹介します。

IllustratorのデータをSketchへ移す

IllustratorからはPDFで書き出すと、テキストも含めグラフィックはある程度Sketchに移行できます。SVGで書き出すとシェイプは移行できますが、画像やテキストは難しいようです。直接オブジェクトをIllustratorからSketchへコピー&ペーストすると、シェイプや画像はペーストできますが、テキストは文字化けしてしまうことがあります。

XDのデータをSketchへ移す

XDからはSVGで書き出すと、テキストも含めグラフィックはある程度Sketchに移行できます。PDFで書き出すと、シェイプは移行できますが、画像やテキストは難しいようです。直接オブジェクトをXDからSketchへコピー&ペーストすると、シェイプもテキストもビットマップに変換されます。

Photoshopデータを Sketchへ CHECK!

基本的にビットマップ画像ツールであるPhotoshopは、PDFやSVGで書き出しても、コピー&ペーストでも移行は難しいようです。

WindowsユーザーにSketchデータを渡す

Sketchデータを読み込み可能なアプリケーションやサービス

SketchはMac専用アプリケーションなので、WindowsユーザーはSketchファイル（.sketch）を受け取っても開くことができません。そこで、Windowsにも対応しているほかのアプリケーションやサービスで開けるようにMacでSketchデータを変換し、Windowsユーザーに渡す必要があります。
Sketchデータの読み込みに対応しているおもなアプリケーションやサービスには、本書執筆時点でXDのほかにZeplin、InVisionがあります。デザイナーがSketchデータをエンジニアにコーディングの素材として渡すときは、画像・テキスト・文字のプロパティ・カラーコード・位置関係・CSSコードなどが必要です。Sketchデータの変換に対応するアプリケーションやサービスの特徴を踏まえて選ぶとよいでしょう。

XDでSketchファイルを開きデザインスペック機能を利用する

XDでは、Sketchファイルをそのまま開けます。データ構造もおおよそ引き継がれます。開いたファイルに対してXDのデザインスペック機能（13-2参照）を使えば、ブラウザ上で文字のプロパティ・カラーコードや位置関係の確認をしたり、テキストのコピー&ペーストがスムーズにおこなえます。ただし、行間隔や字間などいくつかの文字のプロパティが無視される、CSSコードが書き出せないなど、細かい部分でサポートされていない点があります。以下のURLで確認しておきましょう。

「SketchファイルをXDで開くときにサポートされる機能」
https://helpx.adobe.com/jp/xd/kb/open-sketch-files-in-xd.html

Zeplin・InVisionで開けるようにMacでSketchファイルを変換する

ZeplinとInVisionはブラウザ上で動くWebアプリケーションなので、データを受け取るWindowsマシンへのインストールは必要ありません。ユーザー登録をすると無料で1プロジェクトが使え、プロジェクト内に複数のスクリーン（画面、アートボードのこと）を格納できます。データを渡す側も受け取る側も、ユーザー登録をしておきましょう。

ZeplinとInVision向けにSketchからファイルを変換する手順は基本的には同じで、データを渡す側のMacにアプリをインストールしたうえで、専用の変換プラグインを利用します。プラグインを実行すると、クラウド上にあるプロジェクトの中に変換されたスクリーンが保存されます。

- Zeplin：Mac用のデスクトップアプリをインストールします。
  その際、SketchにZeplinプラグインがインストールされます。
- InVision：15-1で紹介したSketchプラグイン「Craft」をインストールします。

SketchからZeplinへの変換とアップロード

SketchからInVisionへの変換とアップロード

SketchからZeplinまたはInVisonのプロジェクトへファイルを変換しアップロードできたら、ブラウザでログインし、プロジェクトのスクリーンから必要な情報を確認したり、画像を書き出したりできます。
加えて、オブジェクトからCSSコードを抜き出せます。また、データを渡すWindowsユーザーにメールを送ってプロジェクトに招待し、クラウド上のファイルを複数人で共有できます。

Zeplinでクラウド上のデータをブラウザから利用

InVisionでクラウド上のデータをブラウザから利用

Sketchからデータを引き渡す前の注意

Sketchからプラグインを使ってファイル変換してZeplin・InVisionに公開する前に、
Sketchのデータを整理しておきましょう。

❶ ロゴ部分など、画像にする文字のフォントが相手の環境にない場合があるので、文字をアウトライン化しておきましょう。
❷ 画像を書き出す単位でレイヤーをグループ化したり、レイヤーに書き出し後のファイル名をつけておくとよいでしょう。
❸ Zeplin・InVisionでは、あらかじめSketch側で画像書き出し（Make Exportable）の設定をしておきましょう。

Lesson 15 ほかのアプリとの連携について知ろう

15-3 Photoshopで作成したカンプをZeplinで読み込む

Zeplinを使うとPhotoshopユーザーでない人もカンプの確認や利用ができます。制作者がPhotoshopからZeplinのクラウドにデータをアップロードし、そこにチームメンバーがブラウザからアクセスします。

Zeplinのユーザー登録とインストール

1 Zeplin（https://zeplin.io/）にアクセスして[Get started for free]をクリックします。次のユーザー登録画面で[Email]❶と[UserName]❷と[Password]❸を入力して[Sign Up FREE]ボタンをクリックします。

2 次のウェルカム画面でデスクトップアプリケーションをダウンロードします。[Download Mac App]か[Download Windwos App]か、現在のOSに合わせて選び、クリックしてダウンロードを開始します。ここでは、[Download Mac app]❶を選びました。

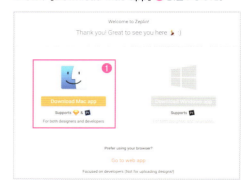

3 ダウンロードされたファイル「Zeplin.app.zip」を展開し、「Zeplin.app」をダブルクリックで起動します。[Move to Applications folder?]ダイアログボックスが表示され、[Move to Applications Folder]ボタンをクリックすると「Zeplin.app」がアプリケーションフォルダーへ移動し、インストールが完了します。

4 続けて、Zeplinアプリが起動するので[email/username]❶と[password]❷に登録したユーザー名とパスワードを入力し[Login]ボタンをクリックします。

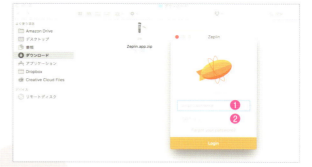

CHECK! アプリケーションのインストール

データの管理者であるオーナーは、アプリケーションのインストールが必要ですが、受け取ったデータを閲覧・利用するだけの招待者はブラウザで動くWebアプリで操作が可能なためインストールは不要です。

CHECK! Windows Appの場合

ダウンロードされたファイル「zeplin-installer-x64.exe」（もしくはzeplin-installer-x32.exe）をダブルクリックします。インストール後にアプリが起動し、Photoshopプラグインがインストールされます。

15-3　Photoshopで作成したカンプをZeplinで読み込む

プロジェクトの作成とPhotoshopプラグインのインストール

1 ログイン後の画面で［Create first project］ボタン❶をクリックします。次のプロジェクトの種類を選ぶダイアログボックスでは、［Web］❷を選択し［Create］ボタンをクリックします❸。

2 プロジェクトが作成されました。右側のパネルで初期設定「Untitled」のプロジェクト名を「PsComp」と書き換えます❶。続いて［Zeplin］メニューの［Photoshop Integration］→［Install plugin］を実行し、Zeplin Photoshopプラグインをインストールします❷。

CHECK!
プロジェクトとは

Zeplinでは、プロジェクトの中に複数のスクリーン（画面）を格納します。スクリーンはAdobe製品におけるアートボードに相当します。無料で利用できるフリー版ではプロジェクトを1つつくることができます。Webページの場合は、プロジェクトの種類は必ず［Web］を選んでください。画像やCSSコードなどが解析されます。

Photoshopのカンプデータを Zeplinで共有する　Lesson 15 ▶ 15-3

PhotoshopからアートボードをZeplinにエクスポートする

1 「PsComp-zeplin.psd」をPhotoshopで開きます。「Navbar」グループ内の「r360studio」レイヤー❶、「Jumbotron」グループ内の「Jumbotronimg」レイヤー❷、「contents」グループ内の「card-1」→「coffeecup」レイヤー❸を⌘（Ctrl）キーを押しながらクリックし、3つ選択します。

CHECK!
Zeplinに送る PSDデータの注意

Zeplinに送るデータは、アートボード単位となるので、画面ごとにアートボードを作成します。手順❶～❸を実行したレイヤーはZeplinから画像として書き出せます。シェイプやパスなどベクトルデータはSVGで書き出せますが、スマートオブジェクトレイヤーだと処理がうまくできない場合があるので、使わないほうがよいでしょう。ここで開いたPSDファイルは、6-2でCCライブラリに登録して6-4で配置したスマートオブジェクト「r360studio」レイヤーをIllustratorで開き、その中身をPSDにコピー＆ペーストしたシェイプレイヤー「r360studio」に置き換えています。

Lesson 15 ほかのアプリとの連係について知ろう

2 ［ウィンドウ］メニューの［エクステンション］→［Zeplin］を選び、［Zeplin］パネルを開き、［Mark as asset］ボタン❶をクリックします。

3 選択したレイヤー名の先頭に「-e-」❶がつき、Zeplinで書き出す対象の「Asset」（アセット）に指定されます。続けて［Export selected artboards to Zeplin］ボタン❷をクリックします。

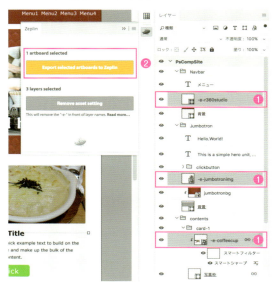

4 ［Select a project］で「PsComp, Web」❶を選び、［Import］ボタン❷をクリックします。次画面で［Choose your screen's densities］は［1x］を選び［choose］ボタンをクリックします。Photoshopのアクションが動き、しばらくの間Zeplinのクラウドへのエクスポートが自動的に実行され、Zeplinが起動します。終了後、このPSDファイルを保存して閉じます。

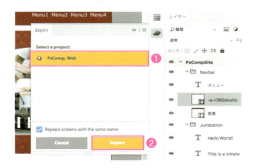

Zeplinの画面密度　CHECK!

［Choose your screen's densities］は、Zeplinのプロジェクトで指定する画面密度です。［1x］を選ぶと等倍のままですが、［2x］だと密度が2倍のデータと判断され、Zeplin内で半分のサイズとして扱われます。

Zeplinアプリで共有者を招待する

手順**4**のあとにZeplinが起動し、「PsComp」プロジェクトが開きます。Photoshopからエクスポートされた「PsCompSite」スクリーン❶が表示されています。このプロジェクトにチームのメンバーを招待しましょう。［Share］ボタンをクリックして❷、ポップアップ表示された［Invite via email］に招待者のメールアドレスを入力し❸、Return（Enter）キーを押すと招待者にZeplinから招待メールが送られます。

CHECK!　エクスポートしたスクリーンの名前

Photoshopからエクスポートしたスクリーンは、PSDファイルのアートボード名がつけられます。複数のアートボードをエクスポートするときは、内容がわかりやすいアートボード名にしておきましょう。

15-3 Photoshopで作成したカンプをZeplinで読み込む

招待されたメンバーがZeplinのデータを確認する

1. 招待メールにある[Open in web]リンクをクリックして、ブラウザでZeplinサイトにアクセスすると、共有されたプロジェクト「PcComp」が開きます。「PcCompSite」スクリーン❶をクリックします。

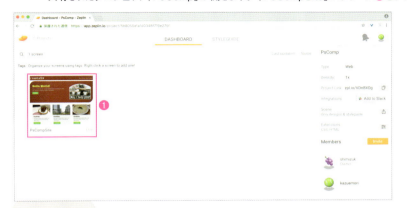

CHECK!

招待メンバーのZeplinユーザー登録

プロジェクトにアクセスするには、Zeplinのユーザー登録が必要です。未登録の場合は、アクセスした画面の[Get started]のリンクをクリックし、ユーザー登録に進みます。

CHECK! **プロジェクトから外れる場合**

このプロジェクトから外れる場合は、自分のユーザーネームのギアアイコン❷から[Leave project]をクリックします。

2. 転送されたPSDファイルのアートボードがスクリーンに表示されます。必要があれば ＋ − ボタンで表示倍率を変更します❶。テキストをクリックすると❷、右側のパネル❸で位置、文字のプロパティ、カラーを確認できます。また、テキストやCSSコードをコピーできます。

3. スクリーンの外をクリックして選択を解除し、[Assets]をクリックします❶。Photoshopの[Zeplin]パネルでアセットに登録したレイヤーが書き出し対象として認識されています❷。必要な形式のダウンロードボタンをクリックすると指定のフォルダにZIPファイルでダウンロードできます。

4. シェイプレイヤー「r360studio」❶を選ぶと、右側のパネル❷に[PNG][SVG]で単独ファイルとしてダウンロードするボタンが表示されます。また、CSSやHTMLコードをコピーできます。

Lesson 15 ほかのアプリとの連係について知ろう

15-4 XDで作成したカンプをZeplinで読み込む

Zeplinは、Adobe製品ではPhotoshopのほかにXDに対応しています。
XDで作成したデザイン／プロトタイプを
Adobe製品を利用していないユーザーに共有してみましょう。

Zeplinアプリでプロジェクトを作成する

XDとZeplinアプリの連係はMac版でもWindows版でも可能ですが、
ユーザーインターフェイスが多少異なります。ここではMac版の画面を元に解説します。

1 Zeplinアプリで［Web］を選び❶、［Create］をクリックして❷新規プロジェクトを作成します。

2 プロジェクトの画面が表示されたら、右側のパネルで「Untitled」になっているプロジェクト名を「XDComp」と書き換えましょう。

XDからZeplinにデータをエクスポートする Lesson 15 ▶ 15-4

書き出したい画像にバッチ書き出しマークを追加する

1 サンプルファイル「15-04.xd」をダブルクリックしてXDを起動します。［レイヤー］パネルを開き、Zeplinから画像をPNGやSVGで書き出したいグループ名やレイヤー名を、書き出したいファイル名（半角英数字で拡張子なし）にしておきます。たとえば「logo」としておけば、あとで「logo.png」や「logo.svg」というファイル名で書き出すことが可能になります。

2 画像を書き出したいグループやレイヤーは、マウスカーソルを重ねると右側に表示される3つのアイコンで一番左側の［バッチ書き出しマークを追加］をクリックしてオンにしておきます。これでZeplinでアセットとして書き出すことができます。

XDからZeplinにアートボードを書き出す

1 エクスポートしたいアートボードを選択します。［選択範囲］（選択）ツールで外側から囲むようにドラッグするか、Shiftキーを押しながらアートボード名部分をクリックして複数アートボードを選択しましょう。

2 ［ファイル］メニューの［書き出し］→［Zeplin］を選択します❶。Zeplinアプリが起動して［Projects］ダイアログボックスが表示されますので、プロジェクト「XDComp」を選択し❷、右下の［Import］ボタンをクリックします❸。

3 次の［Density］画面で［1x］を選び❶［choose］ボタンをクリックします❷。Zeplinのウィンドウ右上に［Adobe XD CC → XDComp］というポップアップが現れ、インポートの進行状況が表示されます❸。すべてのアートボードが「done」になれば、インポート完了です。

4 Zeplinアプリで、インポートされた任意のスクリーンをダブルクリックして開きましょう。スクリーン上の、XDで［バッチ書き出しマークを追加］をオンにしておいたグループ・レイヤー（ここでは「logo」）を選択すると❶、右側パネルの［Assets］欄に［PNG］［SVG］で書き出せると表示されます❷。右側のダウンロードボタンをクリックすると、画像が書き出されます。

COLUMN

Zeplinを無料で使うときのプロジェクト管理

Zeplinを無料で利用している場合、アクティブなプロジェクトは1つのみという利用制限があります。新しいプロジェクトを追加したいときは、以前作成したプロジェクトをアーカイブします。Zeplinの［Projects］画面で、アーカイブしたいプロジェクトのサムネールにマウスカーソルを重ね、表示された歯車アイコンをクリックしてコンテキストメニューから［Archive Project］を選択します。これで無料の場合でも、次のプロジェクトを追加することが可能になります。

ブラウザでメンバーに共有させる

Zeplinへエクスポートしたデータへの共有者の招待と、招待を受けた側のブラウザからの確認方法については、15-3と同様です。

各アプリの [CC ライブラリ] パネルの対応状況

アプリケーションを横断してアセットを共有できる「Creative Cloud ライブラリ」は大変便利な機能ですが、Illustrator、Photoshop、XD それぞれで利用できる内容が異なります。
表 1 で示すように、本書執筆時点（2018 年 9 月）では、XD では「カラー」「文字スタイル」「グラフィック」の 3 種類しか利用することができませんので、ご注意ください。

表 1　Illustrator、Photoshop、XD で利用できる [CC ライブラリ] パネル内の要素の違い

	Illustrator	Photoshop	XD
カラー	○	○	○
カラーテーマ	○	○	×
文字スタイル	○	○	○
段落スタイル	○	×	×
グラフィック	○	○	○
ブラシ	○（Capture CC で作成した Illustrator 用のブラシのみ）	○（Capture CC で作成した Photoshop 用のブラシのみ）	×
パターン	○	○	×
Look	×	×	×
レイヤースタイル	×	○	×
マテリアル	×	×	×
テキスト	○	×	×

■ Illustrator　　■ Photoshop　　■ XD

APPENDIX 付録

Adobe XDに関する最新情報のチェック

本文内でも述べたように、開発スピードが非常に速いのがXDの特徴です。毎月、実装される機能や状況が変わっていく見込みですので、最新情報が得られるページを2つお伝えしておきます。ぜひ定期的にチェックしてください。

■ 最新機能 | Adobe XD CC

https://www.adobe.com/jp/products/xd/features.html
すでに実装された機能のリストをチェックするのは、この公式ページが一番確実です。とくに解説が必要な機能については、さらに詳細な解説ページにリンクされていることがあります。

■ Adobe XD Feedback : Feature Requests & Bugs（英語）

https://adobexd.uservoice.com/
Adobe XD開発陣に、機能リクエストやバグ報告を直接届けることができるコミュニティです。英語のやりとりが基本になっていますが、どの機能が現在開発予定なのか、このバグは報告されているのか、などを確認することができます。また、すでに誰かによって投稿された記事に「Vote（投票）」することにより、その機能への意見が開発陣の目にとまりやすくなるかもしれません。

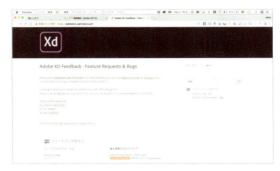

Creative Cloudデスクトップアプリケーションの表示

Creative Cloud関連製品を利用するために最初にインストールするのが「Creative Cloud」デスクトップアプリケーションです。初期設定ではマシン起動と同時に起動しています。Macの場合はメニューバー、Windowsの場合はタスクバー右側の通知領域に雲の形のアイコン❶がありますので、クリックしてウィンドウを開きましょう。このアイコンが見当たらない場合、何らかの理由でアプリが終了しています。Macでは「Launchpad」か「アプリケーション」フォルダーから、Windowsではスタートボタン→［Adobe Creative Cloud］をクリックして起動してください。アプリのウィンドウを開くと、右上部に図のようなアイコンがあるのがわかります。これは左からそれぞれ、通知領域、アカウント管理アイコン、メニューです。

❷通知領域では、Adobeからのお知らせやXDのプロトタイプに寄せられたコメントなどがログになっています。
❸アカウント管理アイコンからは、ログイン／ログアウトなどの操作をおこなうことができます。
❹縦に3点並んだメニューを開くと、各種細かい設定項目にアクセス可能です。

INDEX

●●● 数字 ●●●

2段組のテキスト……………………………………186
2倍サイズの画像……………………205,209,211
4K対応ディスプレイ………………………………208
7-Zip…………………………………………………219
12カラムのガイドレイアウト………………………120

●●● アルファベット ●●●

Adobe Colorテーマ…………………………………103
Adobe Stock…………………………………………70
Adobe SVG形式……………………………………251
Adobe XDにテキストを取り込む……………………35
AIからCSSを抜き出す……………………………248
AIからテキスト形式での書き出し…………………251
Antelope……………………………………………209
Atomic Design………………………………………20
Avocode……………………………………………256
Camera RAWフィルター……………………………72
Capture CC…………………………………………104
CCアプリ間の連携……………………………………21
CCライブラリ……………………………100,124,124,148
CCライブラリに登録する…………………………129
CCライブラリにリンクしたスマートオブジェクト……111
CCライブラリの共有を解除する…………………116
［CCライブラリ］パネル………………………………21
CCライブラリへ登録できる文字アセット…………192
CCライブラリを共有する…………………………115
Comp CC……………………………………………22
Comp CCでワイヤーフレームを作成………………38
CotEditor……………………………………………29
Craft…………………………………………………256
「Creative Cloud Files」フォルダー…………240,244
Creative Cloudエクストラクト………………27,233
Creative Cloudエクストラクトから画像を書き出す…247
Creative Cloudライブラリ…………………………100
CSS書き出しオプション……………………………249
［CSSプロパティ］パネル……………………233,248
CSSをコピー…………………………………………244
Dimension CC………………………………………104
Dreamweaver………………………………………240
Excelファイルからテキストを抜き出す……………29
［Extract］パネル……………………………………240
［Extract］パネルからの画像書き出し……………247
Figma………………………………………………255
FontExplorer X Pro………………………………197

Generatorを有効にする……………………………206
Google Fonts………………………………………196
Google PageSpeed Insights………………………209
Googleスライドで開く………………………………28
gzip圧縮………………………………………………52
HiDPI…………………………………………………15
HSB…………………………………………………107
HTTP/2………………………………………………54
Illustrator……………………………………………16
IllustratorからCCライブラリに登録する…………102
Illustratorから画像を書き出す……………………212
IllustratorでSVGを書き出す………………………216
Illustratorでのテキストデザイン…………………184
Illustratorにテキストを取り込みレイヤーを分割する…33
IllustratorのアイコンをXDで利用する……………148
Illustratorのテキストの基本………………………177
ImageOptim……………………………………209,218
InVision…………………………………………256,258
InVision Studio……………………………………255
IPアドレスや画面解像度など確認くん……………208
JPEG…………………………………………………220
LETS…………………………………………………196
MORISAWA PASSPORT……………………………196
Photoshop……………………………………………14
PhotoshopからCCライブラリに登録する…………101
Photoshopでのテキストデザイン…………………178
Photoshopでパーツを共有化する…………………123
Photoshopで編集した写真をXDで利用する………150
Photoshopにテキストを取り込みレイヤーに分割する…31
Photoshopのテキストの基本………………………176
PNG…………………………………………………220
PNG 8…………………………………………………220
PowerPointファイルからテキストを抜き出す………28
Preview CC…………………………………………13
PSBファイル…………………………………………62
PSBファイルの書き出し・差し替え…………………62
PSDからCSSを抜き出す……………………240,244
PSDからテキストを抜き出す………………243,246
PSDからテキストを抜き出す………………………246
Retinaディスプレイ……………………15,208,220
RightFont……………………………………………197
Sketch……………………………………………19,255
SketchファイルをAdobeアプリで開く……………257
SketchファイルをZeplin・InVisionで開けるように変換する
……………………………………………………………258
Sketchへ素材を渡す………………………………257
Speed Update………………………………………209
SplitMultiLine.jsx…………………………………32

spritebot ·· 219
sRGB ··· 200
SVG ··· 16, 217
SVGO ··· 218
SVGO GUI ·· 219
SVGOMG ·· 218
SVG圧縮 ·· 52
SVGの最適化 ·· 218
TinyJPG ·· 209
Typekit ·· 195
UIキット ··· 14, 159
Webフォント ··· 197
Web用に保存（従来）··· 201
WindowsユーザーにSketchデータを渡す ························ 258
XD ··· 17, 133
XDからZeplinにデータをエクスポートする ····················· 264
XDから画像を書き出す ··· 238
XDでのフォント名の表示 ··· 36
XDモバイルアプリ ·· 22, 171
Zeplin ·· 256, 258, 260
ZeplinでPhotoshopのカンプデータを共有する ················ 261
ZeplinでXDのカンプを読み込む ·· 264
Zeplinのデータを確認する ·· 263

••• あ •••

アートボード全体を画像として書き出す ···················· 238
アートボード単位で書き出す ·· 202
アートボードの設定を変更する ····································· 122
アートボードの追加とサイズ変更 ································· 121
アートボードを複製 ·· 121
アートボードを増やす ·· 136
アイコンフォント ··· 177, 194
アイコンを制作する ··· 55
アウトラインに変換 ··· 217
アクション ·· 223
アセット共有 ··· 148
アセットの書き出し ··· 215
［アセットの書き出し］パネル ······································· 214
［アセット］パネル ··· 140
値を追加 ··· 189
アナログ素材感のあるパターン ·· 96
アピアランス ······································· 48, 177, 184, 187, 188
アピアランスを分割 ··· 55
アンチエイリアス ··· 221
イージング ·· 162
異体字 ·· 194
インターレース ··· 221

インタラクション ··· 161
インデント ·· 182
インラインスタイル ··· 216
絵文字 ··· 194
エリアテキスト ··· 137
オーバーレイ ··· 164
オブジェクトID ·· 217

••• か •••

改行コード ·· 251
ガイドレイアウト ··· 120
ガイドをロック ··· 120
開発者ツール ··· 52
価格表 ·· 189
書き出し形式 ··· 202
書き出し先 ·· 234
囲み記事 ··· 182, 188
画像アセット ··· 205
画像からフォントを探す ·· 195
画像に余白をつけて書き出す ··· 207
画像を読み込む ··· 145
画面遷移 ·· 160
カラーオーバーレイ ··· 183
カラーテーマをキャプチャする ····································· 107
カラーを適用する ··· 112
ギアのアイコンをつくる ·· 42
共有者の権限 ··· 117
共有フォルダーのユーザー管理 ····································· 117
曲線のアンカーポイントを減らす ··································· 51
クイック書き出し ··· 200
クイックマスクモードで編集 ·· 64
クラウド経由で実機プレビューする ······························ 173
グラフィックアセットを配置する ································· 110
グラフィックスタイル ·· 248
グリッドレイアウト ··· 120
クリッピングマスク ··· 90
グループの描画モードで効果を限定する ······················· 66
形式の設定 ·· 216
形式を選択して貼り付け ·· 251
形状に変換 ··· 49
公開リンクを作成 ·· 166, 234
高精細ディスプレイに対応する ····································· 208
コーディング ··· 12
コメントの通知を受け取る ··· 170
コンセプト（アプリ）··· 24
コンテンツを編集 ··· 69
コンパウンド ··· 103

269

●●● さ ●●●

再圧縮ツール	209
再生ボタンをつくる	55
サイト設定	240
サイトマップ	12
サフィックス形式	221
シェイプレイヤーにパターンを適用する	113
シェイプをキャプチャする	105
［字形］パネル	194
写真にパターンを適用する	95
写真の編集	59
写真をシェイプでマスクする	146
写真をぼかす	47
縮小（SVG）	217
小数点以下の桁数	217
新規ライブラリを作成	129
シンボル	142
シンボルのオーバーライド	19
シンボルの編集	144
スキューモーフィズム	14
スクリーン（Zeplin）	261
スクロール位置を保持	163
スクロール時に位置を修正	164
ステンシル風のテキストデザイン	89
スマートオブジェクト	21, 60, 123, 125
スマートオブジェクトの解除	62
スマートオブジェクトを編集する	126
スマートシャープフィルター	73
スマートフィルター	72
スマートフィルターをコピーする	73
スレッドテキストオプション	187
正規表現	29
設定サイズ	230

●●● た・な ●●●

ターゲット	162
縦書きテキスト	182
縦組み中の欧文回転	183
縦中横	182
タブ	189
段組設定	186
段落スタイル	191
調整レイヤー	63
調整レイヤーを特定の領域にのみ有効にする	64
調整レイヤーを特定のレイヤーのみに有効にする	65
テーマカラーを作成してCCライブラリに追加する	103
テキストデータの扱い	26
テキストにクリッピングマスクで色をつける	92
テキストのスタイル	190
テキストばらしAI	33
テキストをクリッピングマスクにする	91
テクスチャをプラスする	93
デザインカンプ	12
デザインシステム	254
デザインスペック	17, 27, 233
デザインスペックからデータを取り出す	235
デザインスペックを共有する	235
デザインスペックを公開する	234
デバイス・ピクセル比	208
デバイスフォント	177
透過部分をトリミングする	223
トランジション	162, 162
ドロップシャドウ	50
内部CSS	216

●●● は ●●●

背景色で塗りつぶし	183
パス上テキスト	180
パスの合体	51
パスの線をブラシにする	83
パスの単純化	51
パスの変形	46
パスファインダー	42
パターンオーバーレイ	179
パターンのカラーを変更する	95
パターンをキャプチャする	108
パターンを追加する	94
パターンを登録する	96
バッチ	224
バッチ書き出し	232, 264
パンク・膨張	46
ピクセルグリッドに整合	45, 239
ピクセルを最適化	45
非公開リンクを作成	167
秀丸エディタ	29
ひとつ前のアートボード	162
ビューポート	163
描画色で塗りつぶし	181, 183
比率を保ってサイズ変更する	68
ファイルに再リンク	127
風車アイコンをつくる	56
フォルダー共有	116
フォルダー共有を解除する	117
フォローを許可	115

INDEX 索引

フォントのお気に入り……………………193
フォントの管理……………………………197
フォントのバリエーションを増やす ………196
フォント名から検索する …………………193
複合シェイプ ………………………………43
複数行のテキストを改行で分割するPhotoshop用スクリプト ……31
複数レイヤーをCCライブラリに追加する ……………102
袋文字 ……………………………………184
ブラシ ………………………………………80
ブラシサイズと硬さを簡単に変更する ……84
ブラシでつくるシャドウ ……………………84
ブラシでつくるライティング ………………84
フラットデザイン …………………………14
プレゼンテーション属性 …………………216
プレビューを録画 …………………………165
プログレッシブ ……………………………221
プロジェクト (Zeplin) ……………………261
プロトタイピング …………………………17
プロトタイプ …………………………13, 158
プロトタイプにコメントをつける …………169
プロトタイプのプレビュー …………………162
プロトタイプモード ………………………160
プロトタイプを公開する …………………166
プロトタイプを更新する …………………170
プロトタイプをブラウザでプレビューする ……168
分割ビュー ………………………………241
ベースライン ……………………………221
ベクトルマスク ……………………………85
変形効果 …………………………………42
ベンダープレフィックスを含める …………249
ポイントテキスト …………………………138
包括光源 …………………………………77
方眼グリッド ……………………………136
ボーダーにテクスチャをプラスする ………93
ホーム画面の設定 ………………………168
ぼかし (ガウス) …………………………47
「保存」を許可 ……………………………115
ボタンをつくる ……………………………76
ホットスポットのヒント ……………………172

●●● ま・や ●●●

マージン …………………………………135
マスク ………………………………………85
マスクしたオブジェクトの書き出し ………222
マッチフォント ……………………………195
マテリアルデザイン ………………………14
マテリアルデザイン風のボタン ……………48
丸数字 ……………………………………187

メタキャラクタ ……………………………30
メタデータ ………………………………200
文字スタイル ………………………142, 190, 248
文字スタイルをCCライブラリに追加する ……102
文字スタイルを適用する …………………111
文字タッチツール ………………………185
［文字］パネル ……………………………193
文字をキャプチャする ……………………106
モバイル向けの書き出し …………………232
四つ葉のクローバーの形をつくる …………46

●●● ら ●●●

ライブプレビュー …………………………171
ライブラリグラフィックに再リンク …………130
ラスターグラフィック ………………………58
リーダー (タブ) …………………………189
リストの間隔を空ける ……………………181
リピートグリッド ……………………18, 35, 152
リピートグリッド内に個別の写真を設定する ……151
リピートグリッド内に個別のテキストを設定する ……154
リピートグリッド内の要素を編集する ……154
リンクされたスマートオブジェクト …………71
リンクファイルを編集する ………………128
リンク文字のテキストスタイル ……………180
リンクを共有 ……………………………115
リンクを配置 ……………………………67, 124
類似のフォントを探す ……………………194
レイアウトグリッド ………………………135
レイヤーグループをすべて閉じる …………131
レイヤー効果 ……………………………76, 177
レイヤーごとに書き出す …………………203
レイヤースタイル …………………………177
レイヤースタイルをコピー&ペーストする ……79
レイヤーマスク ……………………………87
レイヤーマスクを削除する …………………65
レイヤーを複製 …………………………126
レイヤーを分離 …………………………131
レイヤーをリンクする ……………………68
レスポンシブ ……………………………217

●●● わ ●●●

ワークフロー ………………………12, 159
ワープ ………………………………………55
ワイヤーフレーム …………………12, 159
ワイヤーフレームの作成 …………………37

271

アートディレクション　山川香愛
カバー写真　川上尚見
カバー&本文デザイン　原 真一朗（山川図案室）
本文レイアウト　加納啓善　奥田直子（山川図案室）
本文イラスト　北村 崇　黒野明子
協力　松田直樹
編集担当　和田 規

世界一わかりやすい
Illustrator & Photoshop & XD Webデザインの教科書

2018年10月19日　初版　第1刷発行
2020年 5月 8日　初版　第2刷発行

著　者　黒野明子、庄崎大祐、角田綾佳、森和恵
発行者　片岡 巖
発行所　株式会社技術評論社
　　　　東京都新宿区市谷左内町21-13
　　　　電話 03-3513-6150　販売促進部
　　　　　　 03-3513-6160　書籍編集部
印刷／製本　共同印刷株式会社

定価はカバーに表示してあります。
本書の一部または全部を著作権の定める範囲を越え、
無断で複写、複製、転載、データ化することを禁じます。
©2018　黒野明子、庄崎大祐、角田綾佳、森和恵

造本には細心の注意を払っておりますが、
万一、乱丁（ページの乱れ）や落丁（ページの抜け）がございましたら、
小社販売促進部までお送りください。送料小社負担でお取り替えいたします。
ISBN978-4-297-10032-2　C3055　Printed in Japan

●お問い合わせに関しまして

本書に関するご質問については、右記の宛先にFAXもしくは弊社Webサイトから、必ず該当ページを明記のうえお送りください。電話によるご質問および本書の内容と関係のないご質問につきましては、お答えできかねます。あらかじめ以上のことをご了承の上、お問い合わせください。
なお、ご質問の際に記載いただいた個人情報は質問の返答以外の目的には使用いたしません。また、質問の返答後は速やかに削除させていただきます。

宛先：〒162-0846
東京都新宿区市谷左内町21-13
株式会社技術評論社　書籍編集部
「世界一わかりやすい
Illustrator & Photoshop & XD
Webデザインの教科書」係
FAX：03-3513-6167

●技術評論社Webサイト
http://gihyo.jp/book/

著者略歴

黒野明子 (Akiko Kurono)
Lesson02、08、09、13、15

ファッションカメラマン事務所、広告系デザイン事務所、Web制作会社勤務を経て、2003年よりフリー。Webサイトの企画・UI設計・デザイン・コーディングおよび講師・執筆などが主な業務。2017年11月よりAdobe Community Evangelistとして活動している。東京・原宿のロクナナワークショップにて「黒野明子のAdobe XD初心者入門講座」「黒野明子のAdobe XD＋Photoshop＋Illustrator連携講座」を開講中。
Twitter: @crema

庄崎大祐 (Daisuke Shozaki)
Lesson01、03、12

下北沢で、うさぎやaiboと一緒に暮らしているWebデザイナー。渋谷の「Stocker.jp / Space」にて「スマートフォン時代のWebデザインスクール」や「WordPressカスタマイズ講座」の講師をしたり、ブログ等でWeb制作者向けに情報発信している。
Blog: https://stocker.jp/diary/
Twitter: @Stocker_jp

角田綾佳 (Ayaka Sumida)
Lesson05、07、10、15

フリーランス&株式会社キテレツ　デザイナー・イラストレーター。Web制作会社勤務を経て、2006年よりフリーランスとしてWebデザイン・イラスト制作を行う。イラスト制作のほとんどをIllustratorで行なっているためベジェが大好き。
Twitter:@spicagraph

森和恵 (Kazue Mori)
Lesson04、06、11、14、15

"むずかしいことでも、わかりやすく伝える"がモットーのウェブ系インストラクター。YouTubeのライブ配信、eラーニングの教材開発も営む。講師歴は19年で、ウェブの知識を一日完結で学べて気軽に参加しやすいこと、リピーターが多いことが担当講座の特長。現在は「Adobe XD・Bootstrap・WordPress」の学びに注力している。
https://youtube.com/r360studio
Twitter: @r360studio